Maßnahmen zur Verbesserung der Gewässerstrukturgüte der Este zwischen Langeloh und Emmen

Die Edmund Siemers-Stiftung veröffentlichte bisher im Bereich Fließgewässerschutz

2012, Willem Salge: Landschaftsökologische Charakterisierung und Bewertung des Einzugsgebietes der Fuhlau (LK Harburg) als Grundlage für ein Entwicklungskonzept zur Verbesserung der Nährstoffretention. BoD. – ISBN 978-3-8482-3335-9.

2008, Thomas Janssen & Wilhelm Ripl: Grundlagen für eine nachhaltige und klimastabilisierende Landbewirtschaftung in den Einzuggebieten von Este, Seeve, Oste und Wümme. BoD. – ISBN 978-3-8334-8122-2.

2007, Gerd Janssen: Forelle, Schwarzstorch, Flatterulme – Indikatoren lebendiger Bäche und Flüsse. Kleine Schriften aus drei Jahrzehnten Fließgewässerschutz. BoD. – ISBN 978-3-8334-8791-0.

2007, Kerstin Grabowsky: Die Heidenauer Aue – Gewässerstruktur und Einzugsgebiet eines Fließgewässers. BoD. – ISBN 978-3-8334-6631-1.

2007, Hilke Prange: Ochre Pollution as an Ecological Problem in the Aquatic Environment – Solution Attempts from Denmark. BoD. – ISBN 10: 3-8334-6632-4, 13: 978-3-8334-6632-8.

2006, Inga Krämer: Verrohrte Fließgewässer bei der Umsetzung der EG-Wasserrahmenrichtlinie – mögliche Lösungen und deren ökonomische Auswirkungen. BoD. – ISBN 10: 3-8334-6518-2, 13: 978-3-8334-6518-5.

2006, Ludwig Tent: Ocker – ein Gewässerproblem, gegen das wir einiges tun können. – Ad fontes Verlag, Hamburg, 21 S., ISBN 3-932681-46-0

2002, Ludwig Tent: Bessere Bäche – Praxistipps – Bereits geringer Aufwand bringt große Erfolge für den Lebensraum. – (gemeinsam herausgegeben mit: Hanseatische Natur- und Umweltinitiative Hamburg) – Ad fontes Verlag, Hamburg, 68 S., ISBN 3-932681-3.

2001, Ludwig Tent: Pflanzen und ihre Bedeutung für Fließgewässer – Praxistipps. – (gemeinsam herausgegeben mit: Hanseatische Natur- und Umweltinitiative Hamburg) – Ad fontes Verlag, Hamburg, 52 S., ISBN 3-932 681-29-0.

2000, Madsen, B. L. & L. Tent: Lebendige Bäche und Flüsse - Praxistipps zur Gewässerunterhaltung und Revitalisierung von Tieflandgewässern. Libri-BoD (Books on Demand), 156 S., ISBN 3-89811-546-1.

1998, Ludwig Tent: Unsere Heidebäche brauchen Hilfe. Überarbeitete Neuauflage. Hamburg, 16 S. – ISBN 3-932681-30-4

Edmund Siemers-Stiftung, Schlankreye 67, 20144 Hamburg

Maßnahmen zur Verbesserung der Gewässerstrukturgüte der Este zwischen Langeloh und Emmen

Björn Tent

Projektarbeit (Auszug)
an der TU Dresden, Institut für Wasserbau und Technische Hydromechanik,
in Zusammenarbeit mit der TU Hamburg-Harburg, Institut für Wasserbau

Verantwortlicher Hochschullehrer: Prof. Dr.-Ing. J. Stamm
Wiss. Betreuer: Dipl.-Ing. R. Zimmermann, Dr.-Ing. T. Heyer (TU Dresden),
Dipl.-Ing. E. Nehlsen (TU Hamburg-Harburg)

Vorgelegt: Hamburg / Dresden 26. Januar 2014

[Oktober 2014]

Impressum

© 2014 Edmund Siemers-Stiftung, Hamburg

Herstellung und Verlag: BoD - Books on Demand, Norderstedt

ISBN
978-3-7357-4966-6

Umschlag-Layout: Holger Kurz und Ludwig Tent auf der Grundlage Madsen, B.L. & L. Tent (2000): Lebendige Bäche und Flüsse – Praxistipps zur Gewässerunterhaltung und Revitalisierung von Fließgewässern, ISBN 3-89811-546-1

Bibliografische Information der Deutschen Nationalbibliothek:
Die Deutsche Nationalbibliothek verzeichnet diese Publikation in der Deutschen Nationalbibliografie; detaillierte bibliografische Daten sind im Internet über www.dnb.de abrufbar.

Inhaltsverzeichnis

Inhaltsverzeichnis V
Vorwort des Herausgebers VII
1 Vorbemerkungen 1
    1.1   Veranlassung und Aufgabenstellung der Projektarbeit 1
    1.2   Umfang und Zielsetzung der Projektarbeit 2
2 Rechtliche Grundlagen für Maßnahmen im und am Gewässer 3
    2.1   Der rechtliche Rahmen auf Bundesebene (Wasserrecht, Auswahl) 3
        2.1.1   Wasserhaushaltsgesetz (WHG) 3
    2.2   Der rechtliche Rahmen auf Landesebene (Wasserrecht, Auswahl) 4
        2.2.1   Niedersächsisches Wassergesetz (NWG) 4
3 Die Este – Das Untersuchungsgebiet in seiner historischen Entwicklung ... 5
    3.1   Historischer Zustand von 1769 5
    3.2   Historischer Zustand der 1920er Jahre 6
        3.2.1   Strecke 1 – Pegel Langeloh bis Bahnlinie Hamburg-Bremen 7
        3.2.2   Strecke 5 – Mündung Mühlenbach bis „Alte Burg" (Karlsburg) 10
4 Die Este – Heutiger Zustand 12
    4.1   Untersuchungs- und Einzugsgebiet der Este 12
    4.2   Beschreibung des heutigen Zustandes 13
        4.2.1   Strecke 1 – Pegel Langeloh bis Bahnlinie Hamburg-Bremen 14
        4.2.2   Strecke 2 – Bahnlinie Hamburg-Bremen bis B 75 15
        4.2.3   Strecke 3 – B 75 bis Bötersheim 18
        4.2.4   Strecke 4 – Bötersheim bis Mündung Mühlenbach 20
        4.2.5   Strecke 5 – Mündung Mühlenbach bis „Alte Burg" (Karlsburg) 23
        4.2.6   Strecke 6 – „Alte Burg" (Karlsburg) bis Hollenstedt 25
        4.2.7   Strecke 7 – Hollenstedt bis Pegel Emmen 26
    4.3   Querprofile im heutigen Zustand 28
        4.3.1   Strecke 1 – Pegel Langeloh bis Bahnlinie Hamburg-Bremen 28
        4.3.2   Strecke 2 – Bahnlinie Hamburg-Bremen bis B 75 28
        4.3.3   Strecke 3 – B 75 bis Bötersheim 29
        4.3.4   Strecke 4 – Bötersheim bis Mündung Mühlenbach 29
        4.3.5   Strecke 5 – Mündung Mühlenbach bis „Alte Burg" (Karlsburg) 30
        4.3.6   Strecke 6 – „Alte Burg" (Karlsburg) bis Hollenstedt 30
        4.3.7   Strecke 7 – Hollenstedt bis Pegel Emmen 31
    4.4   Weitere Grundlagen 31
        4.4.1   Fließgewässertypisierung der Este 31
        4.4.2   Hydrologische Kenngrößen 33
            4.4.2.1   Ableitung der bettbildenden Abflusskenngrößen 35
        4.4.3   Sandfracht im Gewässersystem 38
            4.4.3.1   Gutachten zur Sandführung der Este aus dem Jahr 1983 38
            4.4.3.2   Studie zur Sandbelastung der Fließgewässer in Niedersachsen (2011) 39
            4.4.3.3   Unnatürliche Sandfracht in Geestbächen nach Altmüller und Dettmer 41
        4.4.4   Nutzungen im Einzugsgebiet und Querbauwerke im Verlauf der Este 43

5 Beschreibung und Analyse der ermittelten Zustände hinsichtlich morphologischer Parameter 45
5.1 Begriffsdefinitionen 45
5.1.1 Windungsfaktor und Laufform 45
5.1.2 Formfaktor 45
5.2 Beschreibung der ermittelten Zustände 46
5.2.1 Windungsfaktoren und Laufkrümmungen 46
5.2.2 Formfaktoren, bordvolle Breite und bordvolle Wassertiefe 47
5.2.3 Fließquerschnitte 49
5.2.4 Sohlgefälle 50
5.3 Ergebniszusammenstellung und Schlussfolgerungen 53

6 Die Regimetheorie 54
6.1 Allgemeines zur Anwendung regimetheoretischer Ansätze 54
6.2 Zur Entstehung regimetheoretischer Ansätze 54
6.3 Ausgewählte regimetheoretische Ansätze 55
6.3.1 Ansatz nach Leopold et al. 56
6.3.2 Ansatz nach Kellerhals 58
6.3.3 Ansatz nach Bray 58
6.3.4 Ansatz nach Yalin & da Silva 59
6.4 Morphologische Parameter nach Regimetheorie 60
6.4.1 Windungsfaktoren und Laufkrümmungen 62
6.4.2 Bordvolle Breite, bordvolle Wassertiefe und Formfaktoren 63
6.4.3 Sohlgefälle 64
6.5 Vergleich der ermittelten Zustände mit denen der Regimetheorie 65
6.6 Schlussfolgerungen 65

7 Mögliche Verbesserungsmaßnahmen im und am Gewässer 66
7.1 Maßnahmen zur Förderung der eigendynamischen Entwicklung 67
7.2 Maßnahmen zur Verbesserung der Sohlstrukturen 69
7.3 Maßnahmen zur Reduzierung hoher Wassertemperaturen und Temperatursprünge durch die Entwicklung standorttypischer Gehölze an Flüssen 70
7.4 Maßnahmen zur Reduzierung der Feststoffeinträge und Sandfrachten ... 71
7.5 Herstellung der linearen Durchgängigkeit 71

8 Entwicklung eines morphologischen Leitbildes 73
8.1 Untersuchte Varianten 77
8.1.1 Phasen der eigendynamischen Gewässerentwicklung 77
8.2 Vorgehen und Eingangsgrößen der hydraulischen Vergleichsbetrachtungen 80
8.2.1 Allgemeines 80
8.2.2 Eingangsgrößen für die hydraulischen Vergleichsbetrachtungen 81
8.2.2.1 Strecke 1 – Pegel Langeloh bis Bahnlinie Hamburg-Bremen 81
8.2.2.2 Strecke 5 – Mühlenbach bis „Alte Burg" 83
8.3 Ergebniszusammenstellung der hydraulischen Vergleichsbetrachtungen 86

9 Schlussfolgerungen und Ausblick 87

10 Literaturverzeichnis 91

Vorwort des Herausgebers

Lebensraumverbesserung für die Este – Hydraulische Vergleichsbetrachtungen bestätigen Forderungen der Ökologie

Inzwischen sind 37 Jahre nach der ersten Ökologisierung des deutschen Wasserrechts im Jahr 1977 verstrichen. Angesichts damals sogar optisch sichtbarer, erheblicher Gewässerverschmutzung wurde hervorgehoben, dass jedermann darauf zu achten habe, die biologischen, chemischen und physikalischen Eigenschaften der Gewässer nicht weiter zu verschlechtern. Der amtliche Gewässerschutz hat in den Folgejahren mit konsequent eingesetzten Umwelttechnikverfahren gute Erfolge in der Abwasserreinigung erzielt. Im Gegensatz zu diesem konsequenten Umgang mit gewässerbelastenden Punktquellen steht bis heute die Vernachlässigung der Lebensraumstruktur und insbesondere die Betrachtung des gesamten Einzugsgebiets. Die nach wie vor hohe Überlastung der Meere unter anderem mit Nährstoffen aus diffusen Quellen – wesentlich hier: Landwirtschaft und Verkehr – ist zwar bekannt, wird aber noch immer nicht durch angemessenes Handeln zielgerichtet und flächendeckend bearbeitet.

Die Edmund Siemers-Stiftung engagiert sich seit ihrer Gründung im Naturschutzjahr 1995, das im Zeichen von „Naturschutz außerhalb von Schutzgebieten" stand, unter anderem konsequent für Verbesserungen an Bächen und kleinen Flüssen (vgl. z.B. Tent 2005). Seit 2006 ergänzt eine Schriftenreihe dieses Vorgehen. Hierin werden in lockerer Folge aktuelle Themen dargestellt mit besonderem Fokus auf solche, die andernorts (noch) nicht hinreichend berücksichtigt werden. Auch dieser Band mit hydraulisch-hydrologischem Schwerpunkt versteht sich als Anstoß für die lebensraumorientierte Gewässerverbesserung. Mögen die hierin dargestellten Erkenntnisse einer möglichen „schlanken" Hilfe für standorttypische Organismen vielfältige Anwendung in der Praxis finden.

Der Heidebach Este als Sandwüste – hier: nördlich des Untersuchungsgebiets an der Goldbek-Mündung. Früher vorhandener Baumsaum ist beseitigt, Randnutzung intensiviert, das Gewässerbett überbreit erodiert, die Sohle zum Sandfang mit Sandtransport mutiert.

Björn Tent hat seine Projektarbeit zum Heidebach Este im berufsbegleitenden Studium „Wasserbau und Umwelt" an der TU Dresden ausgearbeitet. Die Themenstellung wurde eng mit der TU Hamburg-Harburg abgestimmt, durch deren Institut für Wasserbau die Este im kürzlich abgeschlossenen Projekt KLIMZUG und derzeit im Hochwasserschutz-bezogenen Projekt KLEE umfangreich untersucht und beurteilt wurde und wird. Seine Aufgabe bestand darin, ein morphologisches Gestaltungskonzept für den Gewässerabschnitt zwischen Langeloh und Emmen zu entwickeln (der folgende Text lehnt sich eng an die offizielle Aufgabenstellung an). Dafür erfasste er die gegenwärtige Realität und verglich sie mit historischen Zuständen. Morphologische Parameter wie Laufform und Windungsfaktor wurden analysiert und mit errechneten Werten der „Regimetheorie" verglichen. Angelehnt an das definierte morphologische Leitbild wurden Maßnahmen zur Verbesserung der Gewässerstrukturgüte konzipiert und in ihren Auswirkungen auf die hydraulische Charakteristik (Wasserstand, Fließgeschwindigkeit, Schubspannung) prognostiziert. Mit den Ergebnissen werden die hydraulischen Grundlagen für schlankes Handeln beim Restaurieren gelegt.

Es stellte sich heraus, dass die vor Ort zu verzeichnenden Zerstörungen der Gewässerstruktur noch gravierender sind, als bisher eingeschätzt. Auf diesen Erkenntnissen basierend wurden die bisherigen empirischen Annahmen für „in-stream Restaurieren" (Tent 2005), die der naturnahen Wiederbelebung von zu breit und zu tief eingeschnittenem Gewässerbett dienen, durch hydraulische Vergleichsbetrachtungen bestätigt. Es zeigte sich, dass in-stream-Maßnahmen sogar noch umfänglicher in die Tat umgesetzt werden müssen als bisher angenommen. Das heißt für die Praxis: Anlieger, Nutzer, Umweltverbände, Naturschutz- und Wasserwirtschaftsverwaltungen können gar nicht „zu viel" bei der Verbesserung des Niedrig- und Mittelwasserprofils tun. Jeder Stein, jede Kiesschüttung, jede Portion Totholz ist bitter nötig, um die heutigen naturfernen Gewässerstrukturen endlich ihrem fachlich wie rechtlich geforderten Ziel näher zu bringen.

Der Autor und die Edmund Siemers-Stiftung danken dem Lehrstuhl für Wasserbau der TU Dresden sowie dem Institut für Wasserbau der TU Hamburg-Harburg für die praxisrelevante, interessante Aufgabenstellung und die Zustimmung zu dieser Veröffentlichung.

Dr. Ludwig Tent   Dr. Andreas Wass von Czege

Tent, L. (2005): Maßnahmen zur Verbesserung der Sohlstrukturen und zur Verringerung unnatürlicher Sandfrachten an der Este. – in: NNA (Hrsg.): Fließgewässerschutz und Auenentwicklung im Zeichen der Wasserrahmenrichtlinie – Kommunikation, Planung, fachliche Konzepte. – NNA-Berichte 18/1: 143-152. ISSN 0935-1450.

1 Vorbemerkungen

1.1 Veranlassung und Aufgabenstellung der Projektarbeit

Die Fließgewässer Mitteleuropas sind in ihrem heutigen Erscheinungsbild von anthropogenen Eingriffen der Vergangenheit geprägt. Das gilt in besonderem Maß für gefällearme Bäche und Flüsse, wie sie zum Beispiel im Norddeutschen Tiefland repräsentiert sind. Dabei erstrecken sich die Veränderungen annähernd über das gesamte Fließgewässersystem – vom kleinen Bach bis hin zu großen Strömen wie Rhein und Elbe.

Dies zeigt sich beispielsweise

- im Verlust von natürlichen Laufformen durch Flussbegradigungen,
- in zahlreichen Querbauwerken entlang der Fließgewässer, die eine Durchgängigkeit für wandernde Gewässerorganismen erschweren bis unterbinden,
- in monotonen, technischen Ausbauquerschnitten ohne Breiten- und Tiefenvarianz,
- in der Vertiefung natürlicher Gewässerbetten mit weitestgehender Zerstörung der natürlichen Sohlsubstrate sowie
- im Fehlen natürlicher Ufergehölze und daraus resultierender Erosions- und Überwärmungserscheinungen.

Während umfangreiche Maßnahmen zur Abwasserreinigung bereits seit den 1970er Jahren umgesetzt wurden und erfolgreich zur Steigerung der Wasserqualität beigetragen haben, zeigt sich bis heute, dass für die Qualität eines Fließgewässerökosystems eine intakte Gewässerstruktur gleichermaßen von Bedeutung ist (Rasper 2001). Daher liegt das Hauptaugenmerk seit den 2000er Jahren in der Verbesserung der Gewässerstrukturgüte sowie auf der Herstellung der Durchgängigkeit unserer Fließgewässer.

Das Bundesministerium für Umwelt, Naturschutz und Reaktorsicherheit (BMU 2005) belegt anhand von rund 33.000 km untersuchten Fließgewässern hinsichtlich ihrer Gewässerstruktur, dass sich

- nur etwa 2 % in einem unveränderten (natürlichen),
- nur etwa 19 % in einem gering bis mäßig veränderten (annähernd naturnahem),
- etwa 46 % in einem deutlich bis stark veränderten sowie
- etwa 33 % in einem vollständig veränderten Zustand befinden,

woraus sich enormer Handlungsbedarf zur Verbesserung der Gewässerstrukturgüte und zur Beseitigung von Wanderhindernissen ableitet (BMU 2005).

Dies betrifft auch die Este, einen linken Nebenfluss der Elbe. Sie entspringt in der Lüneburger Heide und mündet westlich des Hamburger Hafens in die Elbe. Größere Ausbaumaßnahmen fanden unter anderem in den 1920er Jahren durch Begradigungen des Flusslaufs und Vergrößerung des Abflussprofils zum schnellen Abführen von

Sommerhochwassern und der dadurch sichereren Bewirtschaftung der angrenzenden landwirtschaftlichen Flächen statt.

Die Ausbaumaßnahmen führten neben den gewünschten Effekten jedoch auch zu erhöhten Fließgeschwindigkeiten, zur Veränderung der Sedimenttransportcharakteristik sowie zu einer Verschärfung des Hochwasserrisikos entlang der Este. Die Intensivierung der Landwirtschaft einschließlich der Drainierung der angrenzenden landwirtschaftlichen Flächen im Laufe des 20. Jahrhunderts verschärfte diese Situation. Insbesondere auf die von ihrer ökologischen Funktion her wichtigen Gewässer dritter Ordnung mit fehlendem gesetzlichen Schutz ihrer Lebensräume (vgl. Abschnitt 2.2.1) müssen zukünftig stärker in den Fokus nachhaltiger Schutzmaßnahmen rücken.

Die Projektarbeit beleuchtet die o.g. Gesichtspunkte für den Gewässerabschnitt der Este zwischen Langeloh und Emmen in ihrer Historie mit dem Ziel, ein morphologisches Gestaltungskonzept zur Verbesserung der Gewässerstrukturgüte für diesen Gewässerabschnitt zu entwickeln.

1.2 Umfang und Zielsetzung der Projektarbeit

In der vorliegenden Arbeit ist der Zustand des zu untersuchenden Gewässerabschnitts der Este durch Ortsbegehungen erfasst. Dabei wird besonderes Augenmerk auf vorhandene Defizite hinsichtlich der Gewässerstrukturgüte gelegt und auf fehlende Durchgängigkeit des Gewässers für Gewässerorganismen hingewiesen.

Die zeitliche Entwicklung des betrachteten Gewässerabschnitts wird durch umfangreiche Recherchetätigkeit hinsichtlich historischer Zustände nachvollzogen.

Sowohl die gegenwärtige Situation als auch die historischen Zustände werden im Hinblick auf morphologische Parameter – wie z.B. Laufform, Windungs- und Formfaktor – beschrieben.

2 Rechtliche Grundlagen für Maßnahmen im und am Gewässer

2.1 Der rechtliche Rahmen auf Bundesebene (Wasserrecht, Auswahl)

2.1.1 Wasserhaushaltsgesetz (WHG)[1]

Im WHG werden die europäischen Vorgaben der EG-WRRL in nationales Recht umgesetzt. Eine Auswahl zur Erreichung beziehungsweise zum Schutz des „guten ökologischen Zustands" von Fließgewässern sei hier angeführt:

Erklärter Zweck nach § 1 des WHG ist es, „durch eine nachhaltige Gewässerbewirtschaftung die Gewässer als Bestandteil des Naturhaushalts, als Lebensgrundlage des Menschen, als Lebensraum für Tiere und Pflanzen sowie als nutzbares Gut zu schützen."

In (1) des § 6 – Allgemeine Grundsätze der Gewässerbewirtschaftung – ist die nachhaltige Bewirtschaftung der Gewässer geregelt, es werden unter anderem folgende Ziele erklärt:

- Die „Funktions- und Leistungsfähigkeit (…) zu erhalten und zu verbessern, insbesondere durch Schutz vor nachteiligen Veränderungen von Gewässereigenschaften",
- „den möglichen Folgen des Klimawandels (…)" und
- „(…) durch Rückhaltung des Wassers in der Fläche (…) nachteiligen Hochwasserfolgen vorzubeugen."

Gemäß (2) des § 6 ist der Zustand von natürlichen oder naturnahen Gewässern zu erhalten und „nicht naturnah ausgebaute natürliche Gewässer sollen so weit wie möglich wieder in einen naturnahen Zustand zurückgeführt werden, wenn überwiegende Gründe des Wohls der Allgemeinheit dem nicht entgegenstehen."

Nach (1) des § 27 – Bewirtschaftungsziele für oberirdische Gewässer – sind „oberirdische Gewässer (…) so zu bewirtschaften, dass

1. Eine Verschlechterung ihres ökologischen und ihres chemischen Zustands vermieden wird und
2. Ein guter ökologischer und ein guter chemischer Zustand erhalten oder erreicht werden."

Nach (2) des § 27 sind „oberirdische Gewässer, die nach § 28 als künstlich oder erheblich verändert eingestuft werden, (…) so zu bewirtschaften, dass

1. Eine Verschlechterung ihres ökologischen Potenzials und ihres chemischen Zustands vermieden wird und
2. Ein gutes ökologisches Potenzial und ein guter chemischer Zustand erhalten oder erreicht werden."

In (1) des § 38 – Gewässerrandstreifen – ist geregelt, dass Gewässerrandstreifen „der Erhaltung und Verbesserung der ökologischen Funktionen oberirdischer Ge-

---

[1] Gesetz zur Ordnung des Wasserhaushalts vom 31. Juli 2009 („Wasserhaushaltsgesetz" – WHG)

wässer, der Wasserspeicherung, der Sicherung des Wasserabflusses sowie der Verminderung von Stoffeinträgen (…)" dienen.

Nach (3) ist ein Gewässerrandstreifen mindestens fünf Meter breit und nach (4) sind Gewässerrandstreifen von Eigentümern und Nutzungsberechtigten „im Hinblick auf ihre Funktionen (…) zu erhalten". Zudem ist im Gewässerrandstreifen unter anderem verboten:

- „Die Umwandlung von Grünland in Ackerland,
- Das Entfernen von standortgerechten Bäumen und Sträuchern (…) sowie das Neuanpflanzen von nicht standortgerechten Bäumen und Sträuchern."

Gemäß (1) § 39 – Gewässerunterhaltung – umfasst „die Unterhaltung eines oberirdischen Gewässers (…) seine Pflege und Entwicklung als öffentlich-rechtliche Verpflichtung (…)". Unter anderem ist festgeschrieben, dass „die Erhaltung und Förderung der ökologischen Funktionsfähigkeit des Gewässers insbesondere als Lebensraum von wild lebenden Tieren und Pflanzen (…)" durch die Gewässerunterhaltung zu verfolgen ist.

Die Maßgaben des § 39 gelten auch für die Unterhaltung ausgebauter Gewässer.

2.2 Der rechtliche Rahmen auf Landesebene (Wasserrecht, Auswahl)

2.2.1 Niedersächsisches Wassergesetz (NWG)[2]

Im niedersächsischen Wassergesetz sind die Vorgaben der EG-WRRL und des WHG auf Landesebene geregelt und spezifiziert.

An dieser Stelle sei besonders darauf hingewiesen, dass im § 37 NWG eine Einteilung der oberirdischen Gewässer in drei Ordnungen erfolgt. Die Definition der drei Ordnungen ist den §§ 38 bis 40 zu entnehmen. Gewässer erster Ordnung sind Gewässer mit einer „erheblichen Bedeutung für die Wasserwirtschaft", Gewässer zweiter Ordnung sind Gewässer mit einer „überörtlichen Bedeutung" und Gewässer dritter Ordnung sind Gewässer, die nicht zu denen erster oder zweiter Ordnung zählen (Details siehe NWG).

Nach (1) des § 58 – Gewässerrandstreifen – gilt, dass „an Gewässern dritter Ordnung (…) kein Gewässerrandstreifen" besteht.

Gemäß (2) kann „die Wasserbehörde anordnen, dass Gewässerrandstreifen mit standortgerechten Gehölzen bepflanzt (…) werden, die Art der Bepflanzung und die Pflege der Gewässerrandstreifen regeln und die Verwendung von Dünger und Pflanzenschutzmitteln auf Gewässerrandstreifen untersagen."

Insbesondere vor dem Hintergrund der ökologisch wichtigen Funktion der Gewässer dritter Ordnung – beispielsweise von Quellbächen, die Laichgebiet, Aufwuchs- und Lebensraum vieler unter Schutz stehender und Rote-Liste-Arten sind – muss der Schutz dieser Gewässer zukünftig stärker vorangetrieben werden, um die Ziele der EG-WRRL zu erreichen und nachhaltig sicherzustellen!

---

[2] Niedersächsisches Wassergesetz vom 19. Februar 2010 (NWG)

3 Die Este – Das Untersuchungsgebiet in seiner historischen Entwicklung

Aus Kartenwerken der Kurhannoverschen Landesaufnahme wurde der historische Zustand der Este im Jahr 1769 rekonstruiert. Unterlagen über bekannte Ausbaumaßnahmen der Este in den 1920er Jahren wurden vom Landkreis Harburg zur Verfügung gestellt.

3.1 Historischer Zustand von 1769

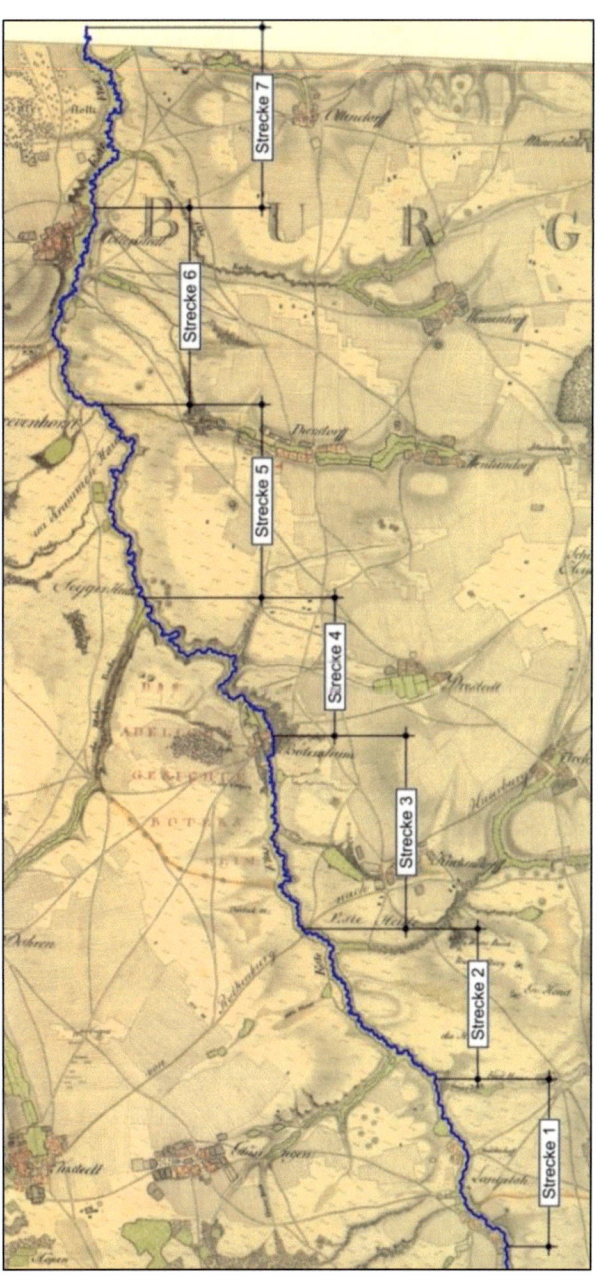

Abbildung 3.1 Das Untersuchungsgebiet, Historischer Lauf der Este im Jahr 1769 (Quelle: Kurhannoversche Landesaufnahme des 18. Jahrhunderts, herausgegeben vom Niedersächsischen Landesverwaltungsamt – Landesvermessung – 1983; bearbeitet)

Abbildung 3.1 zeigt den historischen Lauf der Este im Jahre 1769, ergänzt um die sieben für die Projektarbeit gewählten Streckenabschnitte. Deutlich zu erkennen ist die relativ dünne Besiedlung im Umfeld der Este.

3.2 Historischer Zustand der 1920er Jahre

Bei den vom Landkreis Harburg zur Verfügung gestellten historischen Unterlagen über die Ausbaumaßnahmen der Este in den 1920er Jahren handelt es sich im Einzelnen um

- den Entwurf zur Regulierung der oberen Este (Kreis Harburg 1926),
- den Plan für die Gründung einer Genossenschaft zur Unterhaltung der mittleren Este (Kreis Harburg 1924) und
- den Entwurf zur Regulierung der Este von Hollenstedt bis Altkloster (Kreise Harburg und Stade 1922).

Die obere Este entspricht der Strecke von der Quelle bis zur Bahnlinie Hamburg-Bremen (Strecke 1 und Strecke 2 der Projektarbeit), die mittlere Este der Strecke zwischen der Bahnlinie Hamburg-Bremen und der ehemaligen Bahnlinie Buchholz-Bremervörde (Strecke 3 bis Mitte Strecke 6 der Projektarbeit) und die untere Este entspricht der Strecke zwischen der ehemaligen Bahnlinie Buchholz-Bremervörde und Altkloster (ab Mitte Strecke 6 bis einschließlich Strecke 7 der Projektarbeit).

In allen drei vorliegenden Unterlagen wird auf die Notwendigkeit für die „Beseitigung der schädlichen Sommerüberschwemmungen, also eine möglichst bordvolle Abführung des Sommerhochwassers (die Winterüberschwemmungen lassen sich im Rahmen der Rentabilität nicht verhindern) und die Senkung des Sommermittelwasserstandes auf eine für das Wachstum der Süßgräser[3] günstigen Tiefe unter Gelände" hingewiesen. Exemplarisch hat der obere Teil der Este „infolge der nur flach eingeschnittenen Profile und zahlreichen Krümmungen der Este trotz des verhältnismäßig starken Gefälles recht viel unter stehendem Wasser und unzeitigen Überflutungen zu leiden und bedarf eines gründlichen Ausbaus der Este." Weiter heißt es: „Breite und Tiefe des Bachbettes sind sehr ungleich, die Ufer weisen sehr viele steile und ausgekolkte Stellen auf, deshalb hat auch der Bach (…) einen gegen die katastermäßige Darstellung veränderten Lauf angenommen (…). Auch die Fuhlau weist mehrere Selbstverlegungen auf." [s. jeweils (Kreis Harburg 1926)]. Aus den vorliegenden Unterlagen geht ebenfalls hervor, dass im Umfeld der Este zahlreiche Bewässerungswiesen mit Dutzenden in der Este eingebauten hölzernen Bewässerungsschleusen sowie „wilde Staus" zur Berieselung (Bewässerung) der landwirtschaftlich genutzten Flächen vorhanden waren.

Um die landwirtschaftliche Nutzung der Wiesen und Weiden zukünftig zu gewährleisten und die „schädlichen Überschwemmungen" im Sommer zu verhindern, wurden als Folge umfangreiche Ausbaumaßnahmen im Bereich der Este geplant und ausgeführt. Die „zahlreichen Krümmungen" (Mäander) wurden durchstochen – die Este

---

[3] Süßgräser: Gut nutzbare Pflanzen der Wiesen und Weiden sowie Ackernutzpflanzen wie beispielsweise Weizen, Roggen, Gerste und Hafer.

begradigt, was ein steileres Sohlgefälle zur Folge hatte. Die „nur flach eingeschnittenen Profile" wurden als Trapezprofile mit größeren Abflussquerschnitten ausgebaut, die Este wurde verbreitert und tiefer ins Gelände eingeschnitten. Auskolkungen wurden verfüllt, Uferabbrüche befestigt. „Zur Vermeidung zu großer Wassergeschwindigkeiten in der Este war die Anlage einiger Sohlenabstürze nicht zu umgehen, da der stellenweise nur flach liegende anmoorige feine Sand sehr leicht ausspült" und „außerdem ist in Station 0,700 eine Sohlschwelle vorgesehen, um die Selbstvertiefungen der Sohle nach oben hin zu verhindern, die bei einer älteren Melioration (…) sehr unliebsame Folgen gezeigt hat" (Kreis Harburg 1926). Die durchgeführten Maßnahmen dienten folglich dem Senken des Mittelwasserstandes, dem schnelleren Abführen von Hochwasserereignissen und der Vermeidung von Erosionen durch höhere Fließgeschwindigkeiten im Gewässerbett selbst.

Den vorliegenden Unterlagen sind Mengenermittlungen für die Ausbau- und Unterhaltungsmaßnahmen angehängt. Die wesentlichen Leistungen sind in Tabelle 3.1 zusammengefasst [aus (Kreis Harburg 1926), (Kreis Harburg 1924) und (Kreise Harburg und Stade 1922)].

Gegenstand	Einheit	Obere Este	Mittlere Este	Untere Este	Summe
Erdarbeiten	m³	15.000	1.700	51.000	**rd. 68.000**
Räumung	lfdm	5.200	5.000	-	rd. 10.000
Rodung	lfdm	6.000	-	-	rd. 6.000
Packwerk	m³	60 (55 Stk)	500	-	rd. 600
Flechtwerk	lfdm	-	1.800	-	rd. 2.000

Tabelle 3.1 Ausgeführte Arbeiten im Rahmen des Ausbaus der 1920er Jahre (keine Gewähr für Vollständigkeit)

Das Volumen der ausgeführten Erdarbeiten, die Menge der Rodungen von Bäumen und Sträuchern sowie die Strecke der Räumung des Gewässerbetts und der Uferbereiche zeigen die Dimension der Maßnahmen am Fließgewässer Este. Um dem Leser einen Überblick über diese zu verschaffen, sind einige Darstellungen aus den vorliegenden Bestandsunterlagen in den folgenden Abschnitten beispielhaft für die Strecken 1 und 5 zusammengefasst [sämtliche Abbildungen der Folgeseite und der Abschnitte 3.2.1 und 3.2.2 sind den Unterlagen (Kreis Harburg 1926), (Kreis Harburg 1924) und (Kreise Harburg und Stade 1922) entnommen]. Die rot dargestellte Linienführung entspricht der genehmigten Linienführung der Ausbaumaßnahmen, wie sie auch heute noch vorhanden ist.

3.2.1 Strecke 1 – Pegel Langeloh bis Bahnlinie Hamburg-Bremen

In Abbildung 3.2 und Abbildung 3.3 ist der Verlauf der Este oberhalb beziehungsweise im Bereich des Pegels in Langeloh dargestellt. Deutlich zu erkennen sind die in rot dargestellten durchstochenen Mäander, die eine deutliche Begradigung der Este darstellen. In der Abbildung 3.3 ist zudem gestrichelt der frühere Verlauf der Este oberhalb des Pegels im Forst Langeloh zu erkennen.

Abbildung 3.2 Lauf der Este noch oberhalb Langeloh

Abbildung 3.3 Lauf der Este am heutigen Pegel Langeloh

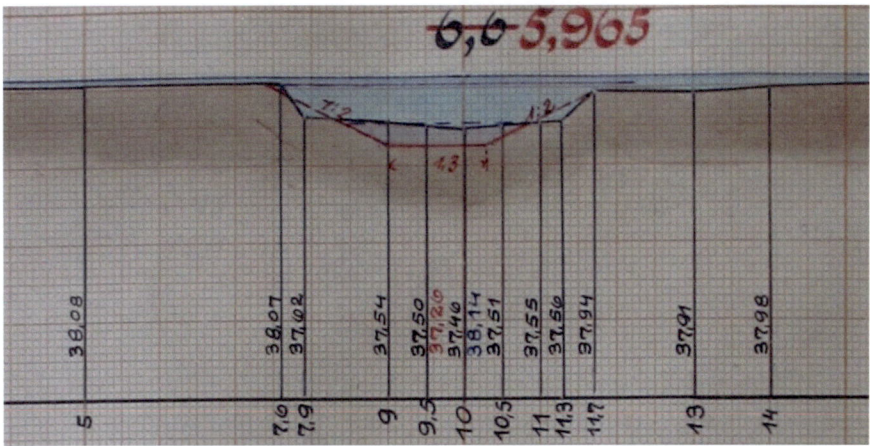

Abbildung 3.4 Pegel Langeloh vor und nach dem Ausbau

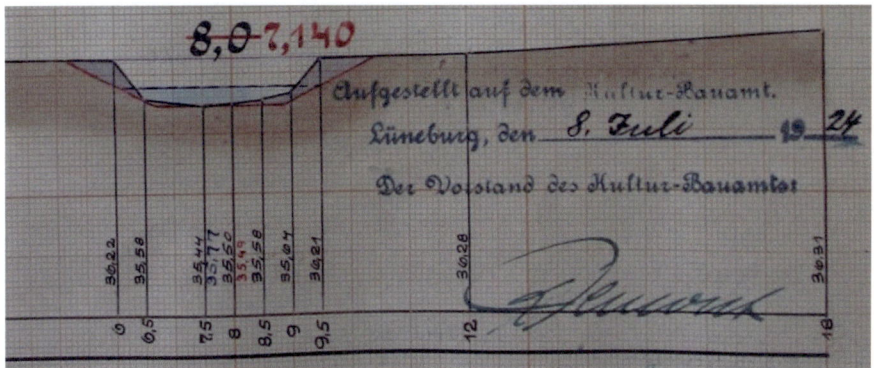

Abbildung 3.5 Ortslage Neddernhof vor und nach dem Ausbau

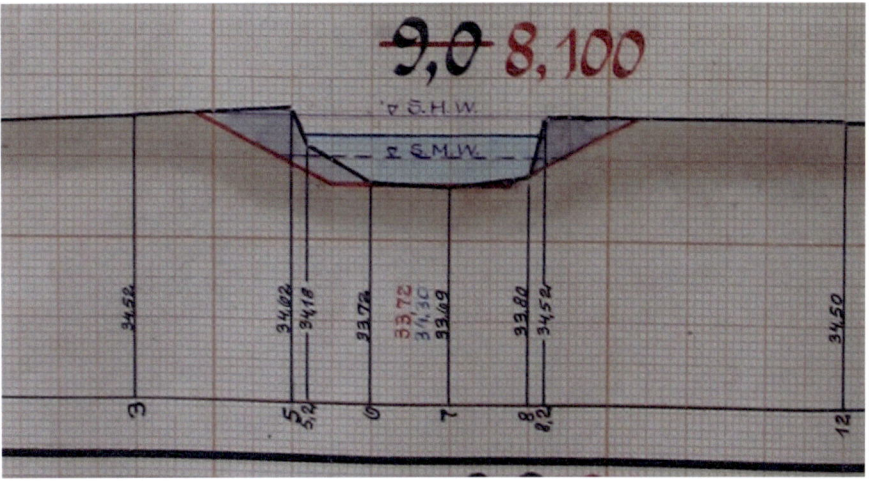

Abbildung 3.6 Querprofil im Bereich der Bahnlinie HH-HB vor und nach dem Ausbau

Abbildung 3.4 bis Abbildung 3.6 zeigen die Ausbaumaßnahmen in den Querprofilen. Die grauen Flächen stellen die ausgehobenen Bodenmengen dar.

3.2.2 Strecke 5 – Mündung Mühlenbach bis „Alte Burg" (Karlsburg)

Abbildung 3.7 und Abbildung 3.8 zeigen historische Berieselungswiesen und den begradigten Lauf eines Nebenbachs der Este (hier des Betenbachs). In der Abbildung 3.9 ist das Ausbauprofil im Bereich der „Alten Burg" dargestellt.

Abbildung 3.7 Lauf der Este im Mündungsbereich des Betenbachs

Abbildung 3.8 Lauf des Nebenbachs Betenbach

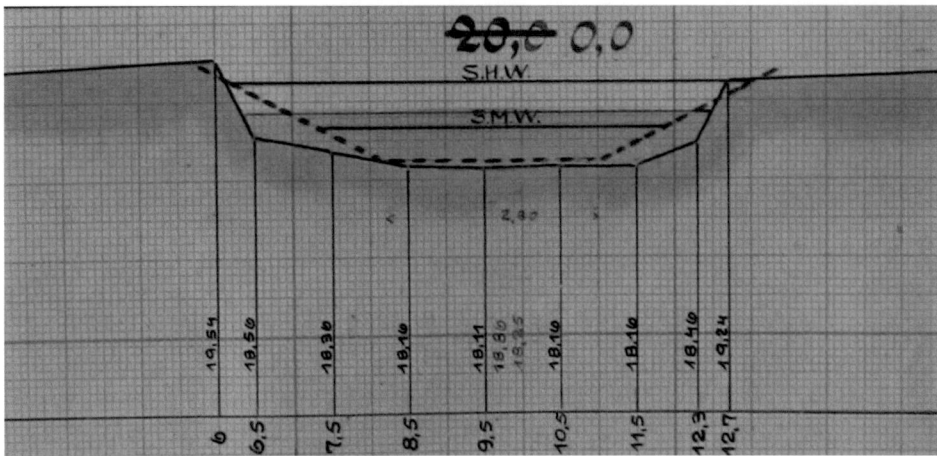

Abbildung 3.9 Ausgebautes Querprofil im Bereich „Alte Burg" (ca. heutige Station 18,944)

4 Die Este – Heutiger Zustand

4.1 Untersuchungs- und Einzugsgebiet der Este

In Abbildung 4.1 ist die Lage des Untersuchungsgebiets zwischen Langeloh und Emmen im regionalen Zusammenhang in der Metropolregion Hamburg dargestellt, ebenso die Höhenverhältnisse und der Übergang von der Geest in die Marsch bei Buxtehude.

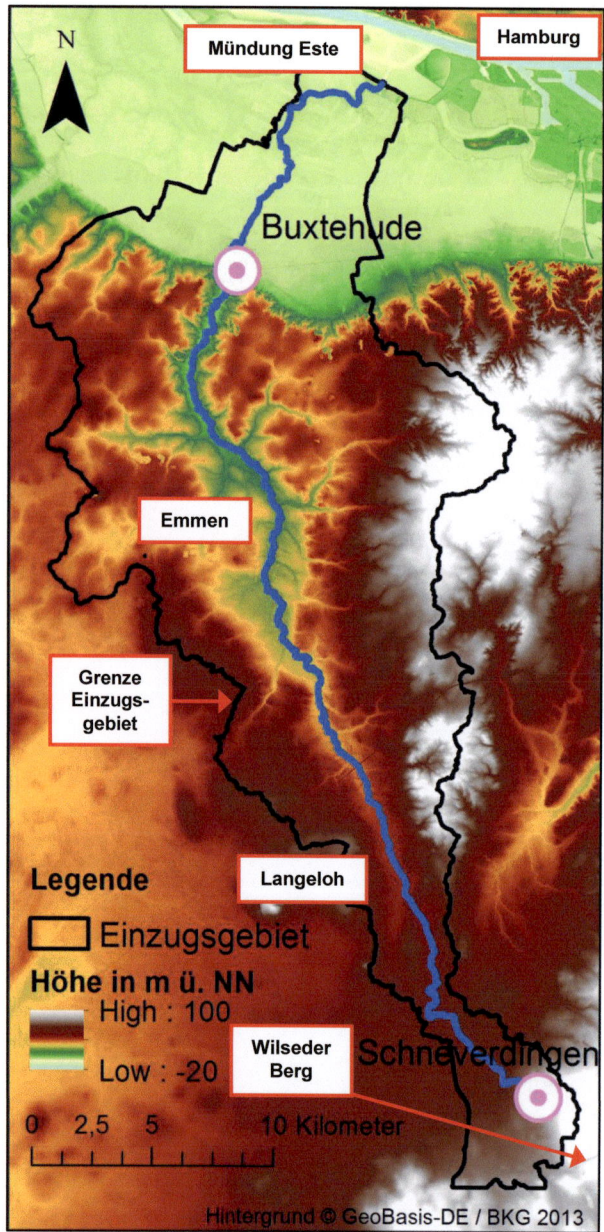

Abbildung 4.1 Einzugsgebiet der Este
(Quelle: www.klee-este.de, bearbeitet)

Die Este zählt zu den Fließgewässern des Norddeutschen Tieflands und ist ein linker Nebenfluss der Elbe. Ihre Quelle liegt im Nordwesten der Lüneburger Heide in Wintermoor (Stadt Schneverdingen). Sie mündet nach ca. 45 km Fließweg bei Cranz, im Hamburger Westen, in die Elbe.

Das Einzugsgebiet der Este umfasst rund 365 km². Davon entfallen ca. 50 % (184 km²) auf den betrachteten Gewässerabschnitt zwischen dem Pegel in Langeloh und dem Pegel in Emmen.

Von der Quelle bei Wintermoor bis Buxtehude fließt die Este durch die norddeutsche Geestlandschaft, ab Buxtehude durch die Marsch. Am Fuße des Wilseder Bergs (rund NN +170 m) beginnt der Lauf der Este mit einer Quellhöhe von ca. NN +60,0 m, die Mündungshöhe in die Elbe bei ca. NN ±0,0 m, so dass ein Höhenunterschied von rund 60 m überwunden wird.

Die Este in ein Gewässer 2. Ordnung und im betrachteten Gewässerabschnitt einschließlich ihrer Nebenbäche als kiesgeprägtes Tieflandgewässer klassifiziert (s. Abschnitt 4.4.1).

4.2 Beschreibung des heutigen Zustandes

Der heutige Zustand der Este zwischen Langeloh und Emmen wurde über Ortsbegehungen erfasst und fotografisch dokumentiert. Dafür wurde das Untersuchungsgebiet in sieben Strecken eingeteilt, die separat aufgenommen worden sind (siehe Abbildung 3.1).

Tabelle 4.1 gibt eine Übersicht über die Einteilung des Gewässerabschnitts zwischen Langeloh und Emmen in die sieben untersuchten Streckenabschnitte.

Strecke Nr.	von	bis	von Station [km]	bis Station [km]	Fließweg [km]
1	Pegel Langeloh	Bahnlinie HH-HB	32,244	30,214	2,030
2	Bahnlinie HH-HB	B 75	30,214	27,794	2,420
3	B 75	Bötersheim	27,794	25,044	2,750
4	Bötersheim	Mühlenbach	25,044	21,704	3,340
5	Mühlenbach	„Alte Burg"	21,704	18,454	3,250
6	„Alte Burg"	Hollenstedt	18,454	16,144	2,310
7	Hollenstedt	Pegel Emmen	16,144	13,814	2,330
Σ					18,430

Tabelle 4.1 Übersicht Strecke 1 bis Strecke 7

Die Ortsbegehungen der sieben Streckenabschnitte wurden im Mai 2013 durchgeführt. In den Abschnitten 4.2.1 bis 4.2.7 sind die wesentlichen örtlichen Gegebenheiten anhand von exemplarischen Fotos dargestellt. Diese gelten repräsentativ für den gesamten betrachteten Gewässerabschnitt zwischen Langeloh und Emmen. Am Beispiel der Strecken 1 und 5 wird im späteren Text eine Detail-Analyse gegeben.

4.2.1 Strecke 1 – Pegel Langeloh bis Bahnlinie Hamburg-Bremen

Abbildung 4.2 Strecke 1: Pegel Langeloh

Abbildung 4.3 Strecke 1: fehlender Baumbestand an einem Ufer, Struktur fehlt

Abbildung 4.2 zeigt den Pegel Langeloh mit unüberwindbarem Absturz, Abbildung 4.3 verdeutlicht die beinahe durchgängige Monotonie des kanalartigen Verbaus der Este. Von Strömungsdiversität, Turbulenz und Vielfalt keine Spur.

Abbildung 4.4 Strecke 1: Absturz als Wanderhindernis für Gewässerorganismen

Im Vordergrund der Abbildung 4.4 zu sehen ist ein weiteres der zahlreichen Wanderhindernisse im Verlauf der Este.

4.2.2 Strecke 2 – Bahnlinie Hamburg-Bremen bis B 75

Abbildung 4.5 Strecke 2: Abfolge von Abstürzen als Wanderhindernisse

Abbildung 4.5 zeigt eine Abfolge von Abstürzen, die Wanderhindernisse für die Gewässerorganismen und die fehlende Längsdurchgängigkeit der Este in weiten Teilen bezeugen.

Abbildung 4.6 Strecke 2: Schmale und tiefe Stellen bilden die Ausnahme; Schaum aus dem Klärwerk fließt flussabwärts

Abbildung 4.6: Dem Bach reicht ein schmales und tiefes Profil.

Abbildung 4.7 Strecke 2: Dem Bach reicht die Hälfte seiner Bettbreite

Abbildung 4.7 und Abbildung 4.8 belegen auch hier auf Höhe von Kakenstorf die Überbreite für Niedrig- und Mittelwasserabfluss, die fehlende Struktur und die den Lebensraum beeinträchtigende Sandlandschaft.

Abbildung 4.8 Strecke 2: Monotonie und fehlende Strukturvielfalt

In Abbildung 4.8 verstärkt der fragwürdige Uferverbau mit glatter senkrechter Kante den kanalartigen Charakter der Este.

Abbildung 4.9 Strecke 2: Der Verfasser zeigt natürliches Sohlsubstrat

Abbildung 4.9: „Wer suchet, der findet." – natürliches Grobsubstrat unter einem dicken Sandpaket, das sämtliches Leben im Bach vernichtet.

Abbildung 4.10 Strecke 2: Unnatürlich hohe Sandfracht, stellenweise freie Sicht auf das natürliche Sohlsubstrat

Ein einsamer Aal (roter Pfeil) strudelt in der Abbildung 4.10 in der Mitte des Querprofils die sandüberdeckte Stein-/Kiessohle frei – für das bloße Auge kaum erkennbar. Was dem Betrachter bleibt, ist der triste Eindruck eines geschundenen Gewässers.

4.2.3 Strecke 3 – B 75 bis Bötersheim

Abbildung 4.11 Strecke 3: Nutzung bis ins Ufer, fehlender Bewuchs, Uferabbrüche

Abbildung 4.11: Die Nutzung reicht bis ins Ufer. Das Fehlen von Bäumen trägt zusätzlich zur Seitenerosion und Abbrüchen des ungeschützten Uferbereichs bei.

Abbildung 4.12 Strecke 3: Längsversteinerung des Ufers

Abbildung 4.12 zeigt eine Ufersicherung durch Längsversteinerung. Zur Strukturvielfalt und eigendynamischen Entwicklung führt diese Art des Einbaus nicht.

Abbildung 4.13 Strecke 3: Drohender Baumverlust, erhebliche Bodenverluste

Abbildung 4.13: Drohender Baumverlust bei einreihigem Baumbestand. Fehlende Beschattung führt zu Temperaturerhöhung durch direkte Sonneneinstrahlung und zum Fernbleiben standorttypischer Fischarten.

Abbildung 4.14 Strecke 3: Nutzung bis ins Ufer, fehlender Baumbestand

Abbildung 4.14: Nutzung bis in den Uferbereich bei fehlendem Randstreifen. Seitenerosion und erhöhte Sandfracht sind die Folge.

4.2.4 Strecke 4 – Bötersheim bis Mündung Mühlenbach

Abbildung 4.15 Strecke 4: Querbauwerk als Wanderhindernis

Abbildung 4.15: Östlicher Ablauf des Bötersheimer Mühlenteichs. Durch die manuelle Steuerung am Mühlenwehr (westlicher Ablauf) und hier am Rohrdurchlass wird der Mühlenteich mehrfach im Jahr bei Starkregen abgelassen – erheblicher, künstlich hervorgerufener hydraulischer Stress. Große Sandmassen werden in Bewegung gesetzt und übersanden natürliche Kiesbetten (Abbildung 4.16). Ufer werden stärker erodiert. Die Vielfalt im Bach wird nachhaltig gestört.

Abbildung 4.16 Strecke 4: Übersandeter Kiesgrund

Abbildung 4.17 Strecke 4: Aufgenommen am 26.05.2014, Abfluss HQ_1

Abbildung 4.17: Die Este unterhalb Bötersheim bei Hochwasserführung. Der Abfluss entspricht ungefähr dem einjährlichen Hochwasserabfluss HQ_1 (vgl. Abschnitt 4.4.2).

Am Ufer sind in diesem Streckenabschnitt scheinbar noch viele Bäume vorhanden. Doch die Idylle trügt – bei drohendem Baumverlust fehlt auch hier der Baumbestand in der Fläche. Auch hier prägt der begradigte Verlauf den kanalisierten Charakter der Este.

Abbildung 4.18 Strecke 4: Ein kleiner Überrest ehemaligen Auwaldes

Abbildung 4.18 zeigt Überreste des in der Vergangenheit flächig vorhanden gewesenen Au-/Erlenbruchwaldes und den Wasserrückhalt in der Fläche nach Starkregen – an solchen Flächen mangelt es in der heutigen Zeit. Starkregen bringt durch versiegelte und intensiv landwirtschaftlich genutzte Flächen (mit einer Vielzahl an Gräben und Dränagen!) große Hochwasserscheitel, die die Unterlieger belasten.

4.2.5 Strecke 5 – Mündung Mühlenbach bis „Alte Burg" (Karlsburg)

Abbildung 4.19 Strecke 5: Monotones Querprofil ohne Breiten-/Tiefenvarianz

Abbildung 4.19: Der Bach kommt mit weniger als seiner halben heutigen Breite bei Mittel- und Niedrigwasser aus.

Abbildung 4.20 Strecke 5: Übernutzung bis ins Ufer, am rechten Ufer keine Toleranz für den standorttypischen Gehölzsaum

Abbildung 4.20: Die Nutzung der Fläche reicht bis ins Ufer der Este ohne Randstreifen und ohne Ufervegetation. Fehlende Beschattung bringt volle Sonneneinstrahlung und damit untypisch verstärkte Pflanzenproduktion im Gewässer sowie eine Erhöhung der Wassertemperatur, schädlich für den sommerkühlen Geestbach.

Ein Lichtblick: Eingebaute Strukturverbesserungen im Gewässer durch Seiteneinengungen und Kiesbetten, die Struktur und Lebensraum sowie Laichgrund unter anderem für die in der Este beheimateten Salmoniden und Bachneunaugen bringen. Die erkennbaren Turbulenzen an der Oberfläche zeigen: Hier findet Dynamik statt und bringt Leben in den Bach.

Leider sind solche Positivbeispiele nur punktuell vorzufinden und größtenteils auf private Initiative einzelner Personen, die sich seit Jahrzehnten für den Schutz der Heidebäche einsetzen, zurückzuführen.

Abbildung 4.21 Strecke 5: Uferabbrüche durch Seitenerosion – drohender Restbaumverlust

Abbildung 4.21: Drohender Baumverlust im seiten- und tiefenerodierten Gewässer, das auch an dieser Stelle einem Sandkanal gleicht.

4.2.6 Strecke 6 – „Alte Burg" (Karlsburg) bis Hollenstedt

Abbildung 4.22 Strecke 6: Sandzubringer Nebenbach (Perlbach)

Abbildung 4.22: Das überbreite Gewässerbett und unnatürliches Rechteckprofil beherrschen auch die Nebenbäche. Der Perlbach beheimatete früher die Perlmuschel – klares Ziel für notwendige Restaurierungen.

Abbildung 4.23 Strecke 6: Versteinerte Kanalisierung unter der BAB 1

Abbildung 4.23 zeigt den jüngst überbreit begradigten und mit Wasserbausteinen standortfremd verfälschten Este-Verlauf unterhalb der Querung der BAB 1. Strukturlosigkeit und zu viel Sanddrift im Lebensraum Gewässer sind nicht verbessert. Man wundert sich, dass der 6spurige Ausbau der Bundesautobahn hier keine Ausgleich- und Ersatzmaßnahmen erkennen lässt.

4.2.7 Strecke 7 – Hollenstedt bis Pegel Emmen

Abbildung 4.24 Längsversteinerung und Dränage

Abbildung 4.24: Die Längsversteinerung des Prallhangs verhindert die Bildung natürlicher Strukturen. Das überbreite Profil verhindert jegliche Strömungsvarianz, die Este fließt gleichförmig in ihrem Bett.

Abbildung 4.25 Strecke 7: Nutzung bis in beide Ufer, fehlende Randstreifen

Abbildung 4.25: Überbreites Profil mit ruhiger Oberfläche – bereits hier zeigt sich die Diskrepanz zwischen vorhandenem Zustand und der Klassifikation der Este als kiesgeprägtes Tieflandgewässer. Auch hier reicht die Nutzung bis in den Uferbereich und verhindert die Bildung natürlicher Strukturen im und am Gewässer.

Abbildung 4.26 Strecke 7: Sandmonotonie im Kanal, kurz oberhalb Pegel Emmen

Abbildung 4.27 Strecke 7: Pegel Emmen

Abbildung 4.26: Der Nutzungsdruck bis in die Uferbereiche reicht vom Pegel Langeloh bis zum Pegel Emmen (Abb. 4.27). Auch hier deutet das kanalisierte, versandete Profil nicht mehr auf die ursprüngliche Strukturvielfalt des von Natur aus kiesgeprägten Tieflandgewässers Este hin.

4.3 Querprofile im heutigen Zustand

Für eine grobe Übersicht über die Querprofile des heutigen Zustands werden in den Abschnitten 4.3.1 bis 4.3.7 einzelne exemplarische Querprofile dargestellt. Die Datengrundlage der aktuellen Querprofile stammt aus Vermessungen des NLWKN[4] von Anfang der 2000er Jahre und wurden von der Technischen Universität Hamburg-Harburg, Institut für Wasserbau, zur Verfügung gestellt. Die Beschreibung und die Analyse des heutigen Zustands sowie der Vergleich zu den recherchierten historischen Zuständen folgen im Abschnitt 5.

4.3.1 Strecke 1 – Pegel Langeloh bis Bahnlinie Hamburg-Bremen

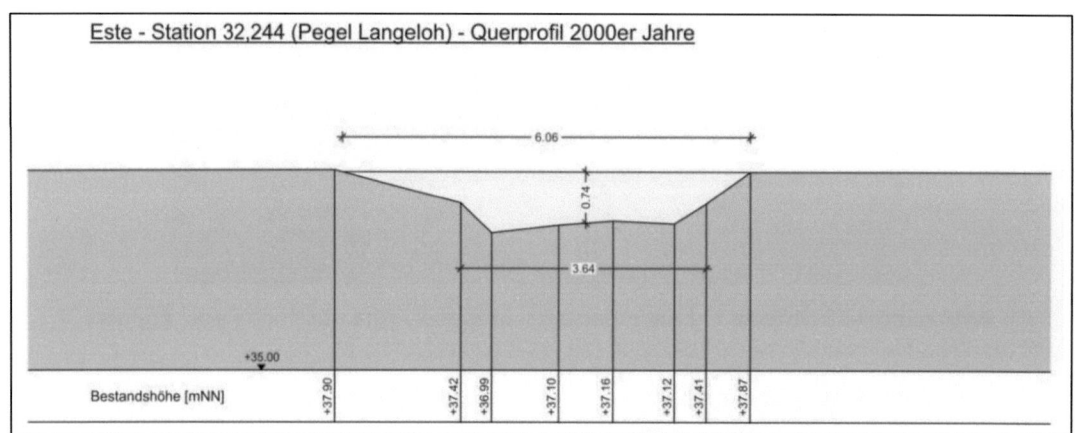

Abbildung 4.28 Strecke 1: Station 32,244 – Pegel Langeloh

4.3.2 Strecke 2 – Bahnlinie Hamburg-Bremen bis B 75

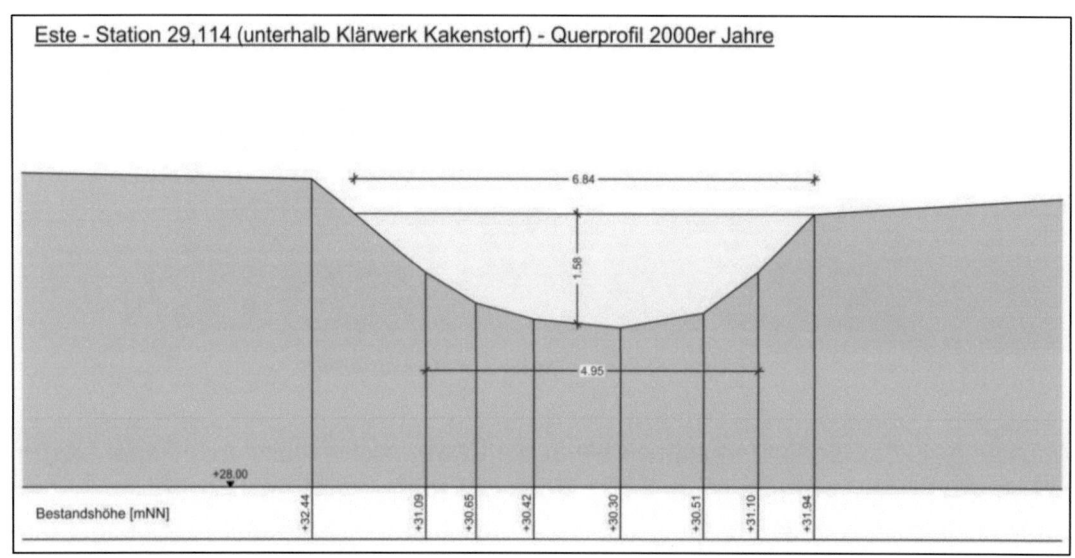

Abbildung 4.29 Strecke 2: Station 29,144 – unterhalb Klärwerk Kakenstorf

---

[4] NLWKN: Niedersächsischer Landesbetrieb für Wasserwirtschaft, Küsten- und Naturschutz.

4.3.3 Strecke 3 – B 75 bis Bötersheim

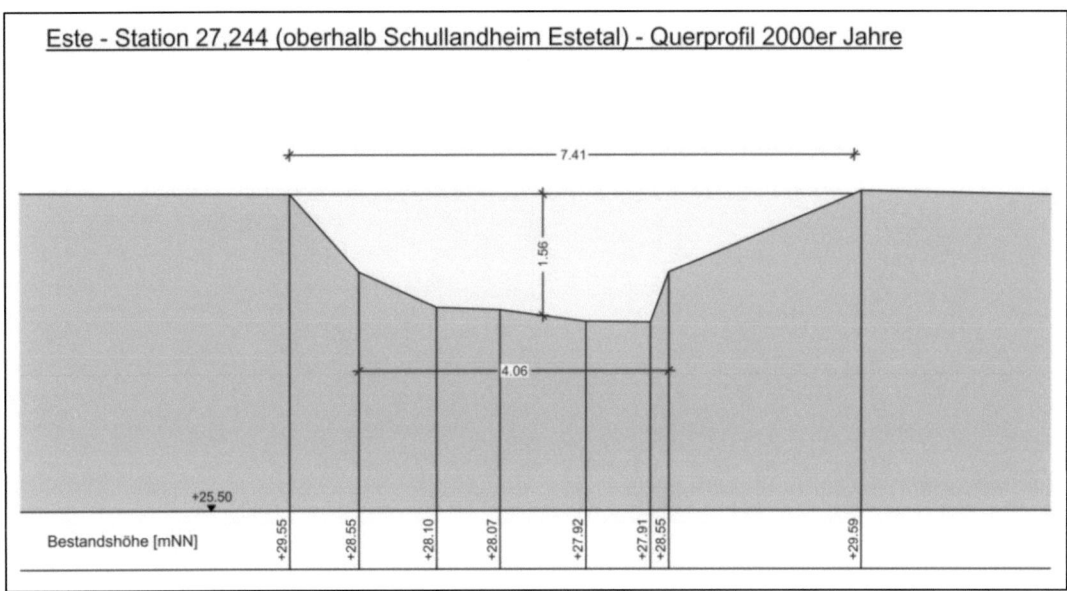

Abbildung 4.30 Strecke 3: Station 27,244 – oberhalb Schullandheim Estetal

4.3.4 Strecke 4 – Bötersheim bis Mündung Mühlenbach

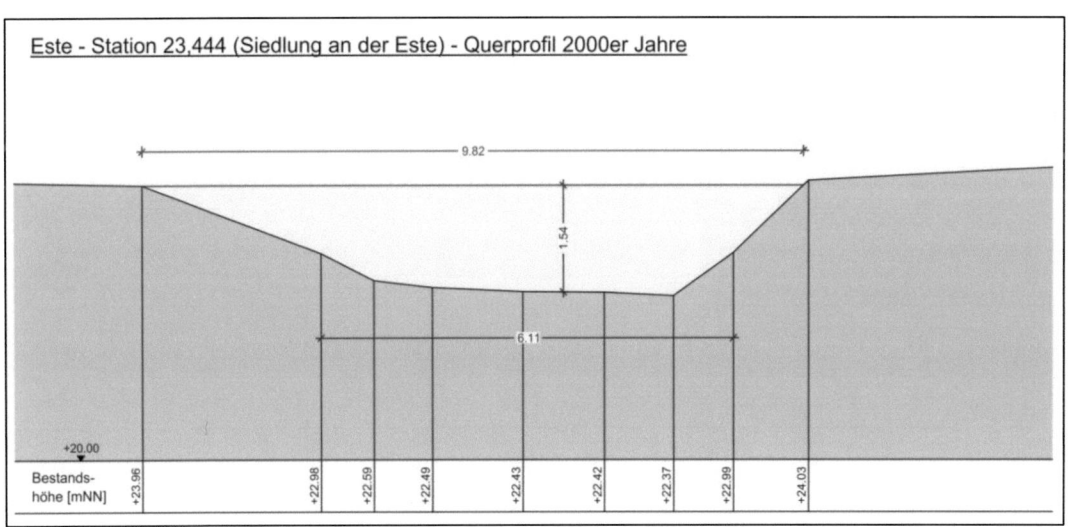

Abbildung 4.31 Strecke 4: Station 23,444 – Siedlung an der Este

4.3.5 Strecke 5 – Mündung Mühlenbach bis „Alte Burg" (Karlsburg)

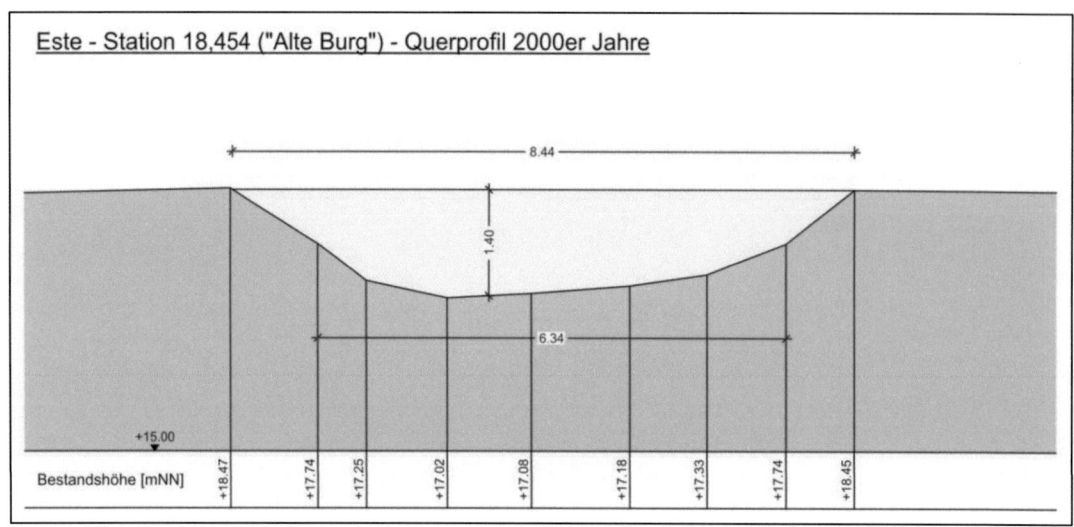

Abbildung 4.32 Strecke 5: Station 18,454 – „Alte Burg"

4.3.6 Strecke 6 – „Alte Burg" (Karlsburg) bis Hollenstedt

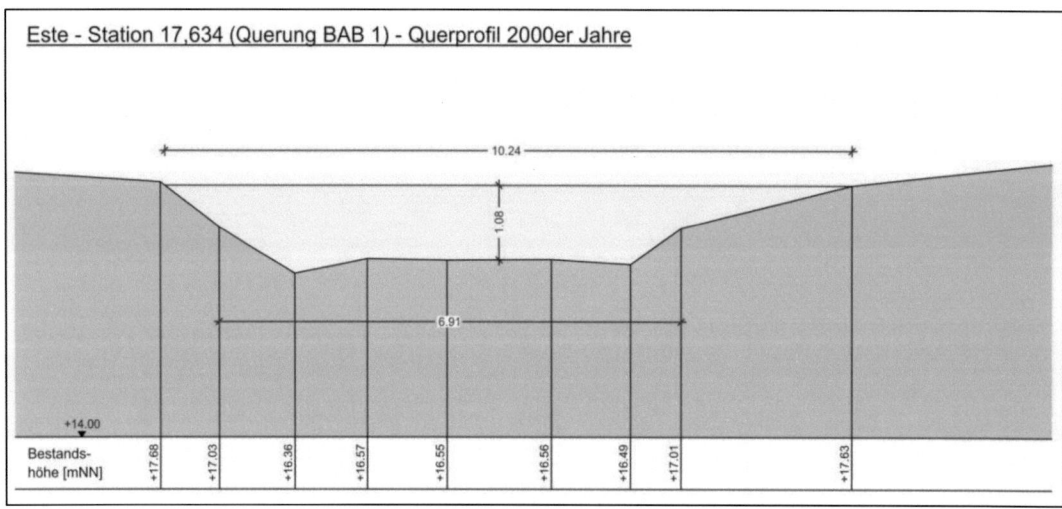

Abbildung 4.33 Strecke 6: Station 17,634 – Querung BAB 1

4.3.7 Strecke 7 – Hollenstedt bis Pegel Emmen

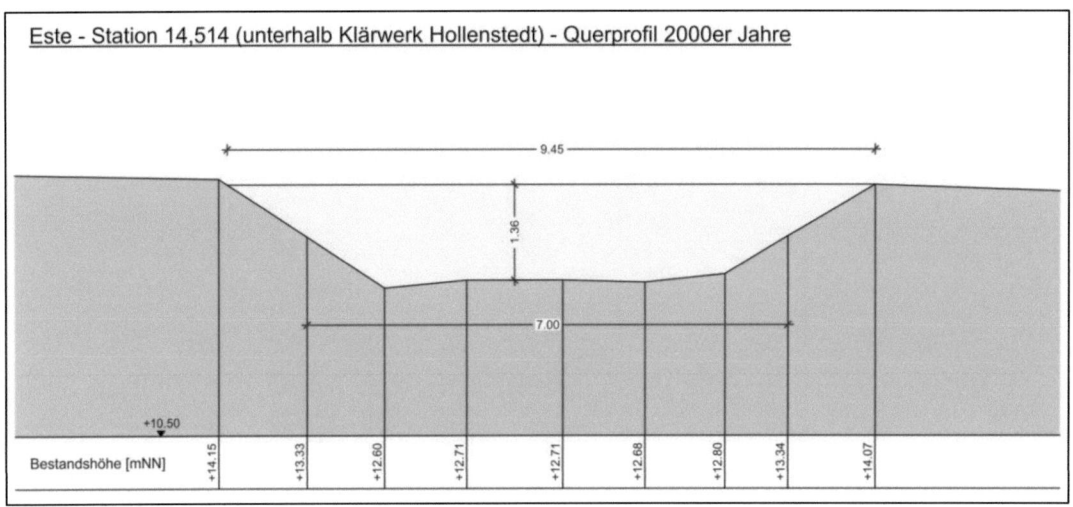

Abbildung 4.34 Strecke 7: Station 14,514 – unterhalb Klärwerk Hollenstedt

4.4 Weitere Grundlagen

4.4.1 Fließgewässertypisierung der Este

Die EG-Wasserrahmenrichtlinie fordert unter anderem für das Aufstellen von Maßnahmenprogrammen eine eindeutige Zuordnung sämtlicher Fließgewässer in Fließgewässertypen. Die Definition der insgesamt 21 verschiedenen Fließgewässertypen erfolgte durch die LAWA[5]. Die Este zwischen dem Pegel Langeloh und dem Pegel Emmen wird nach dieser Klassifizierung den Kategorien der kiesgeprägten Tieflandbäche und der kiesgeprägten Tieflandflüsse zugeordnet (s. grau dargestellte Wasserkörper 29014 und 29023 in Abbildung 4.35).

Zu erkennen ist, dass auch sämtliche in diesem Gewässerabschnitt mündenden Nebenbäche den kiesgeprägten Tieflandbächen zugeordnet worden sind.

Für ein besseres Grundverständnis werden im Folgenden die morphologischen Kurzbeschreibungen der beiden Fließgewässertypen kiesgeprägter Tieflandbach und -fluss aus den Steckbriefen zitiert.

---

[5] LAWA: Bund/Länder-Arbeitsgemeinschaft Wasser. Die Steckbriefe der einzelnen Fließgewässertypen können unter http://www.wasserblick.net/servlet/is/18727/?highlight=steckbrief heruntergeladen werden.

Die Este – Heutiger Zustand

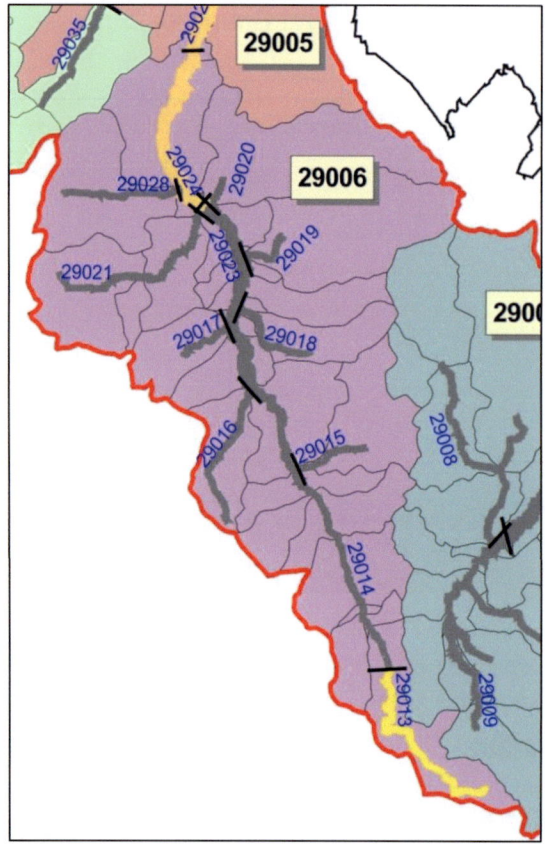

Abbildung 4.35 Wasserkörper und Wasserkörpergruppen im Bearbeitungsgebiet Este / Seeve (bearbeitet)
(Quelle: http://www.wasserblick.net/servlet/is/29220/?lang=de)

a) Typ 16: Kiesgeprägte Tieflandbäche

Morphologische Kurzbeschreibung: „Je nach Talbodengefälle schwach gekrümmt bis mäandrierend verlaufende, gefällereiche und schnell fließende Bäche in Kerb-, Mulden- und Sohlentälern. Flach überströmte Abschnitte (Schnellen) wechseln mit kurzen tiefen Abschnitten (Stillen). Eine Sohlerosion findet auf Grund des lagestabilen Materials nicht statt, dafür kann jedoch eine deutliche Lateralerosion *[Anm.: Seitenerosion]*, die sich in teils tiefen Uferunterspülungen abbildet, stattfinden. Prall- und Gleithänge sind undeutlich. Neben der optisch dominierenden Kiesfraktion unterschiedlich hohe Sand- und Lehmgehalte; besonders im Jungmoränenland zusätzlich aus dem Böschungshang ausgewaschene Findlinge. Der dynamischste Gewässertyp des Tieflandes."

Strömungsbild: „Längere, flach überströmte Schnellen im regelmäßigen Wechsel mit kurzen Stillen."

Sohlsubstrate: „Dominierend Kies und Steine mit Sandanteilen, in Abhängigkeit von den regionalen Bedingungen kann Lehm vorkommen, im Jungglazial häufig ausgewaschene Findlinge."

b) Typ 17: Kiesgeprägte Tieflandflüsse

Morphologische Kurzbeschreibung: „Gewundene bis stark mäandrierende, dynamische kleine bis große Flüsse in einem breiten, flachen Sohlental. Neben der dominierenden, meist gut gerundeten Kiesfraktion, kommen auch Steine und Sand vor. Die Strömung sortiert die verschiedenen Substrate: Kiesbänke werden an den strömungsexponierten Stellen abgelagert, Sandbänke v.a. an den strömungsärmeren Bereichen. Neben Uferbänken auch häufig Mittenbänke (Kiesbänke), Ausbildung von Kolken im Bereich der Prallufer. Das Profil der kiesgeprägten Tieflandflüsse ist überwiegend flach, in den Prallhängen kann es zu Uferabbrüchen kommen. In der Aue finden sich auf Grund von Mäanderdurchbrüchen zahlreiche Altgewässer verschiedener Verlandungsstadien. In Hinblick auf Substrat- und Strömungsverhältnisse gehören auch die Durchbruchstäler des Jungmoränenlandes zu diesem Gewässertyp des Tieflandes."

Strömungsbild: „Schnell bis turbulent fließend, abschnittsweise ruhig."

Sohlsubstrate: „Dominierend meist gut gerundete Kiese verschiedener Korngrößen, daneben in vergleichbaren Anteilen Sande, untergeordnet Steine."

Die Zuordnung des betrachteten Gewässerabschnitts der Este in die beiden vorgenannten Fließgewässertypen mit Kiesprägung spiegelt die örtlich vorgefundenen Verhältnisse der Begehungen sowohl im Gewässerbett selbst als auch im Umfeld der Este wider (s. Fotos der Abschnitte 4.2.1 bis 4.2.7) und spielt eine zentrale Rolle bei der Definition des morphologischen Leitbildes und der Konzeptionierung der Maßnahmen zur Verbesserung der Gewässerstrukturgüte (s. Abschnitt 8).

4.4.2 Hydrologische Kenngrößen

Im Folgenden werden die wesentlichen hydrologischen Messdaten der Pegel Langeloh und Emmen vorgestellt. Sämtliche Daten sind dem Deutschen Gewässerkundlichen Jahrbuch des Elbegebiets Teil III entnommen (DGJ 2007) und wurden von der TUHH zur Verfügung gestellt.

Abfluss-ereignis	Abfluss [m³/s]	
	Pegel Langeloh	Pegel Emmen
NQ	0,089	0,737
MNQ	0,159	1,04
MQ	0,342	1,76
MHQ	2,39	7,80
HQ	7,00	24,30
HQ_1	2,05	6,86 [1]
HQ_5	3,20	9,94
Hinweis	[1] zug. HW = 195 cm (1985)	

Tabelle 4.2 Hydrologische Kenngrößen Pegel Langeloh und Emmen (aus DGJ 2007)

Die in Abbildung 4.36 beispielhaft widergegebene Abflussdauerlinie des Pegels Emmen verdeutlicht die besondere Charakteristik norddeutscher Bäche des gut wasserdurchlässigen Moränenbodens der Geest. Fast ganzjährig herrscht eine sehr stabile Grundwasserschüttung, extreme Niedrig- und Hochwasserzeiten dauern in der Regel nur Tage.

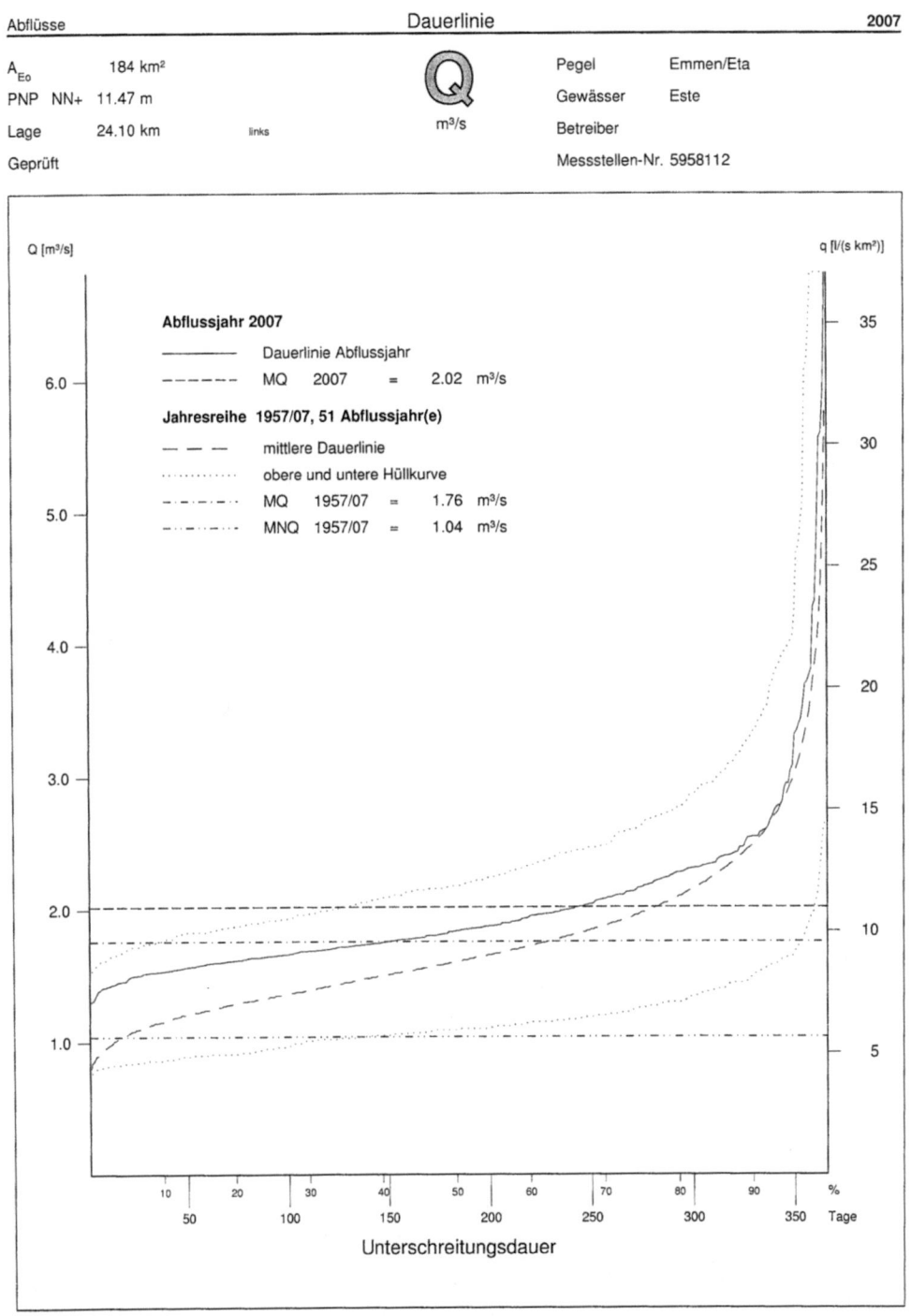

Abbildung 4.36 Abflussdauerlinie 2007 am Pegel Emmen (DGJ 2007)

Aus den HQ- und HW-Haupttabellen (DGJ 2007) ergibt sich der zum einjährlichen Hochwasserabfluss HQ_1 = 6,86 m³/s zugehörige Wasserstand zu HW = 195 cm am Pegel in Emmen. Dieser Pegelstand entspricht der festgelegten Hochwassermeldestufe M1, s. Abbildung 4.37.

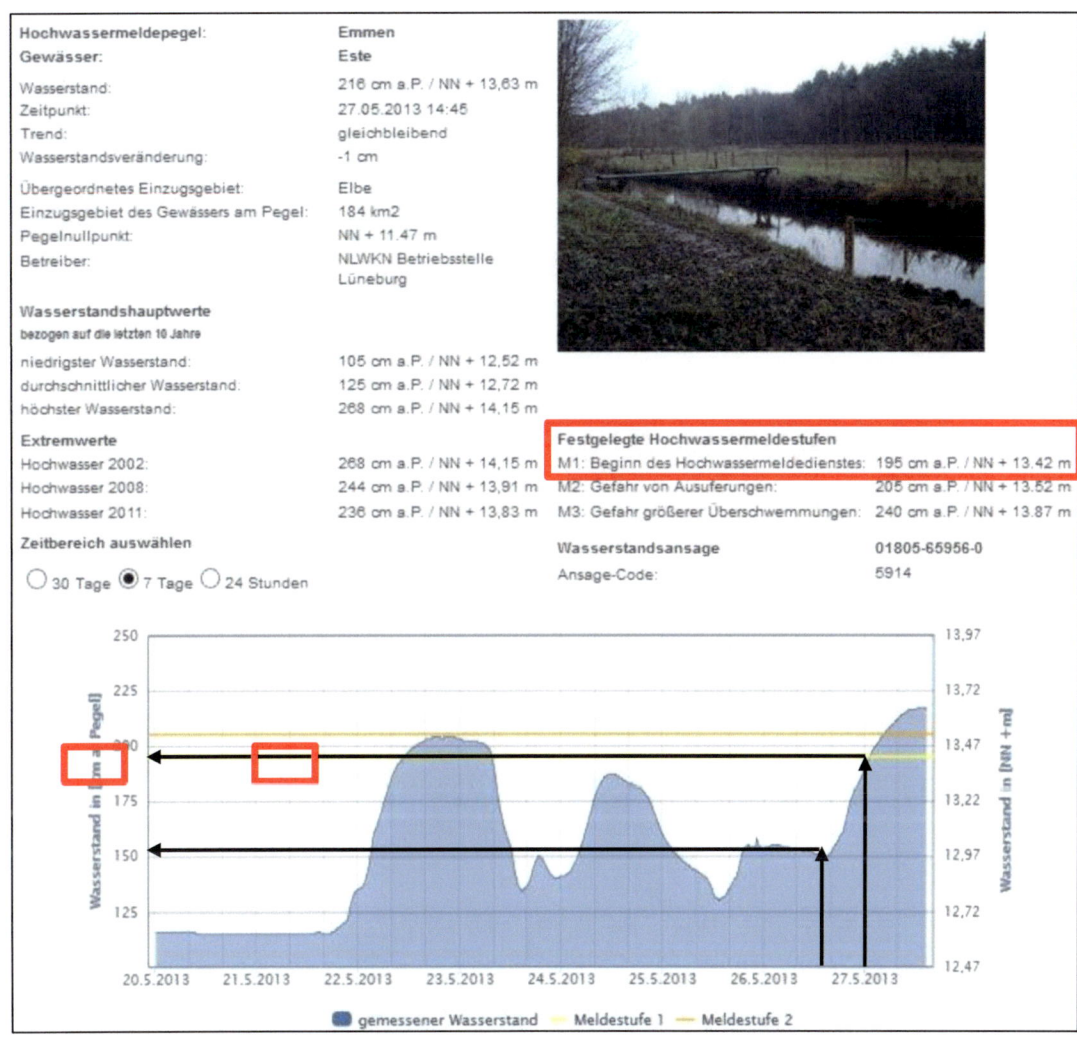

Abbildung 4.37 Wasserstand am Pegel Emmen, abgerufen am 27.05.2014 (bearbeitet)
(Quelle: http://www.pegelonline.nlwkn.niedersachsen.de/Pegel/Name/Emmen)

Aus den Beobachtungen des Hochwasserabflusses während der Ortsbegehung der Strecke 4 von Bötersheim bis zur Mündung des Mühlenbachs am 26.05.2013 und der am darauffolgenden Tag abgerufenen Pegelganglinie des Pegels in Emmen (Abbildung 4.37) wird ersichtlich, dass der Hochwasserabfluss HQ_1 nicht dem bordvollen Wasserstand entspricht.

4.4.2.1 Ableitung der bettbildenden Abflusskenngrößen

Für die Ableitung der bettbildenden Abflusskenngrößen HQ_1 und HQ_2, die als Eingangswerte der im Abschnitt 6 behandelten Regimetheorie dienen, werden die

Hochwasserbemessungswerte für die Fließgewässer in Niedersachsen (Elsholz und Berger 2003) herangezogen. Darin sind die HQ_{100}-Kurven der langjährigen Abflussreihe 1961 bis 2002 für die hydrologische Landschaft Nordheide enthalten, sowie Faktoren genannt, mit denen eine Umrechnung auf die Hochwasserereignisse HQ_{50} bis HQ_5 möglich ist, s. Abbildung 4.38.

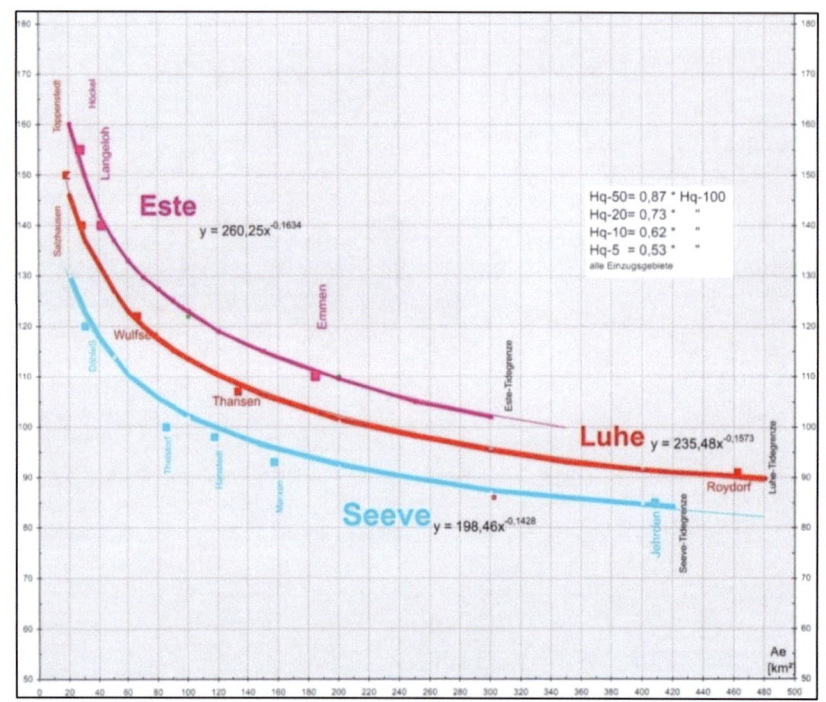

Abbildung 4.38 HQ_{100}-Kurven der Hydrologischen Landschaft Nordheide
(Reihe 1961 bis 2002; x-Achse: Einzugsgebiet A_{Eo} [km²], y-Achse: Regenspende q [l/skm²])
(Elsholz und Berger 2003)

Für die Pegel in Langeloh und Emmen ergeben sich aus den bekannten Hochwasserabflüssen (DGJ 2007) und den Umrechnungsfaktoren die Hochwasserabflüsse HQ_1, HQ_2 und $HQ5$, s. Tabelle 4.3.

Pegel	Station [km]	HQ_1 [1)] [m³/s]	HQ_2 [2)] [m³/s]	HQ_5 [1)] [m³/s]	HQ_1 / HQ_5 [-]
Langeloh	32,244	2,05	2,54	3,20	0,64
Emmen	13,814	6,86	8,49	9,94	0,69
ø					**0,67**
Hinweis	[1)] aus der langjährigen Abflussreihe 1957 bis 2007 (51 Jahre); Quelle: Deutsches Gewässerkundliches Jahrbuch 2007 [2)] hochgerechnet mit Daten aus [1)] – HQ_2 = ca. 0,831*HQ_5 (Näherung)				

Tabelle 4.3 Umrechnungsfaktor HQ_5-Kurve zu HQ_1-Kurve

Um die Hochwasser- und Mittelwasserabflüsse der einzelnen Strecken 1 bis 7 zu erhalten, wurden die jeweils kumulierten Einzugsgebietsflächen recherchiert (Stadt-Land-Fluss Ingenieurdienste GmbH 2005) und in der Tabelle 4.4 zusammengestellt.

Strecke Nr.	von	bis	von Station [km]	bis Station [km]	A_{Eo} kum. [km²]
1	Pegel Langeloh	Bahnlinie HH-HB	32,244	30,214	58 [1]
2	Bahnlinie HH-HB	B 75	30,214	27,794	81 [1]
3	B 75	Bötersheim	27,794	25,044	94 [2]
4	Bötersheim	Mühlenbach	25,044	21,704	110 [1]
5	Mühlenbach	„Alte Burg"	21,704	18,454	124 [2]
6	„Alte Burg"	Hollenstedt	18,454	16,144	145 [2]
7	Hollenstedt	Pegel Emmen	16,144	13,814	184 [1]
Hinweise	[1] aus (Stadt-Land-Fluss Ingenieurdienste GmbH 2005) [2] näherungsweise ermittelt aus Verhältnis Fließweg / Einzugsgebiet				

Tabelle 4.4 Verteilung des Einzugsgebietes im betrachteten Gewässerabschnitt
(Stadt-Land-Fluss Ingenieurdienste GmbH 2005)

Unter Berücksichtigung der genannten Abflusskurven, Umrechnungsfaktoren und kumulierten Einzugsgebietsflächen der sieben Streckenabschnitte ergeben sich die Hochwasserabflüsse HQ_5, HQ_2 und HQ_1 sowie die Mittelwasserabflüsse MQ. Diese werden für die regimetheoretischen Berechnungen und hydraulischen Betrachtungen der Abschnitte 6 und 8 herangezogen. Die Zusammenstellung der maßgebenden Abflüsse ist der Tabelle 4.5 zu entnehmen.

Strecke Nr.	A_{Eo} kum. [km²]	HQ_5 [3] [m³/s]	HQ_1 [4] [m³/s]	HQ_2 [4] [m³/s]	MQ [m³/s]
1	58 [1]	4,12	2,76	3,42	0,34 [5]
2	81 [1]	5,45	3,65	4,53	0,96 [2]
3	94 [2]	6,17	4,13	5,13	1,09 [2]
4	110 [1]	7,04	4,72	5,85	1,25 [2]
5	124 [2]	7,78	5,21	6,47	1,38 [2]
6	145 [2]	8,87	5,94	7,37	1,57 [2]
7	184 [1]	9,94	6,86	8,49	1,76 [5]
Hinweise	[1] aus (Stadt-Land-Fluss Ingenieurdienste GmbH 2005) [2] näherungsweise ermittelt aus Verhältnis Fließweg / Einzugsgebiet [3] Funktion siehe Abbildung 4.38 [4] Faktoren siehe Tabelle 4.3 [5] aus der langjährigen Abflussreihe 1957 bis 2007 (51 Jahre); Quelle: Deutsches Gewässerkundliches Jahrbuch 2007					

Tabelle 4.5 Ermittlung der Hochwasserabflüsse HQ_5, HQ_1, HQ_2 und MQ

4.4.3 Sandfracht im Gewässersystem

Der Lebensraum des Fließgewässers Este wird mit unnatürlich hohen Sandfrachten belastet. Dieses Phänomen kann vor Ort festgestellt werden und ist nicht neu. Die erheblichen Sandmassen im Gewässersystem verstopfen und überdecken das natürliche grobe Sohlsubstrat. Da dieses grobe Sohlsubstrat eine höchst wichtige Bedeutung für den Lebensraum einer Großzahl von Kleinlebewesen hat und auch als Laichgrund für Salmoniden wie Bach-, Meerforelle und Äsche dient (vgl. Abschnitt 4.4.1), wird die ökologische Qualität der Este entscheidend über die vorhandene Sandfracht gesteuert. Im Folgenden wird ein Überblick über diese bekannte Thematik gegeben.

4.4.3.1 Gutachten zur Sandführung der Este aus dem Jahr 1983

Das Gutachten zur Sandführung der Este (Leßmann 1983) weist vor rund 30 Jahren auf den hohen Sandtransport im Gewässer und den nötigen Unterhaltungsaufwand des Mühlenteichs vor Buxtehude hin. In diesem wird ein Großteil des transportierten Sandes abgelagert (damalige Sandfracht rund 3.300 m³ pro Jahr). In diesem Gutachten wird auf weitere Untersuchungen zur Sanddrift der Este verwiesen, die bereits in den 1950ern aufgestellt wurden und den Bau des Sandfangs im Buxtehuder Mühlenteich nach sich zogen. Das Gutachten von Leßmann benennt als Ursachen der erhöhten Sandfracht bereits

- die Laufverkürzung des im Gutachten betrachteten Abschnitts der Este durch Ausbaumaßnahmen der letzten Jahrhunderte von rund 45,5 km im Urzustand auf 39,3 km vor dem Ausbau der 1920er und auf schließlich 34,2 km nach dem Ausbau der 1920er Jahre (dies entspricht einer Verkürzung um 11,3 km auf 75 % der ursprünglichen Fließlänge),
- das dadurch wesentlich erhöhte Sohlgefälle und die deutlich erhöhten Fließgeschwindigkeiten, die eine erhöhte Schubspannung zur Folge haben,
- Bodenerosion von landwirtschaftlichen Flächen des Ackerbaus, die nach Starkregenereignissen auftritt und Sandmaterial in die Este spült und
- den starken hydraulischen Druck, der durch die Oberflächenversiegelung und folglich schnelle Oberflächenwasserableitung unter anderem der Ortslagen Tostedt und Hollenstedt hervorgerufen wird.

Um die erhöhte Sandfracht im System zu verringern, wird von Leßmann im Gutachten empfohlen, mehrere Sandfänge im Lauf der Este und auch in nicht mehr genutzten Teichanlagen zu errichten und zu betreiben. Weitere Maßnahmen wie die Instandsetzung vorhandener und der Neubau von Sohlschwellen, Sohlabstürzen und Schussrinnen werden ebenfalls vorgeschlagen. Die neu zu errichtenden Sohlschwellen (neun Stück) und Sohlabstürze (fünf Stück) sind teilweise noch heute im Bereich des Klärwerks Kakenstorf zu finden und stellen mittlerweile massive Wanderhindernisse für Gewässerorganismen dar (unter anderem Fotos Abschnitt 4.2.2).

4.4.3.2 Studie zur Sandbelastung der Fließgewässer in Niedersachsen (2011)

Zu der Problematik der Sandbelastung liegt zusätzlich eine neuere Studie aus dem Jahre 2011 vor (geofluss 2011). Diese wurde vom NLWKN in Auftrag gegeben und befasst sich mit der unnatürlich hohen Sandfracht in den kiesgeprägten Tieflandgewässern Niedersachsens und der damit verbundenen erheblichen Beeinträchtigung der Tier- und Pflanzenwelt im Gewässer. Die Sandbelastung der kiesgeprägten Tieflandgewässer ist der Abbildung 4.39 zu entnehmen.

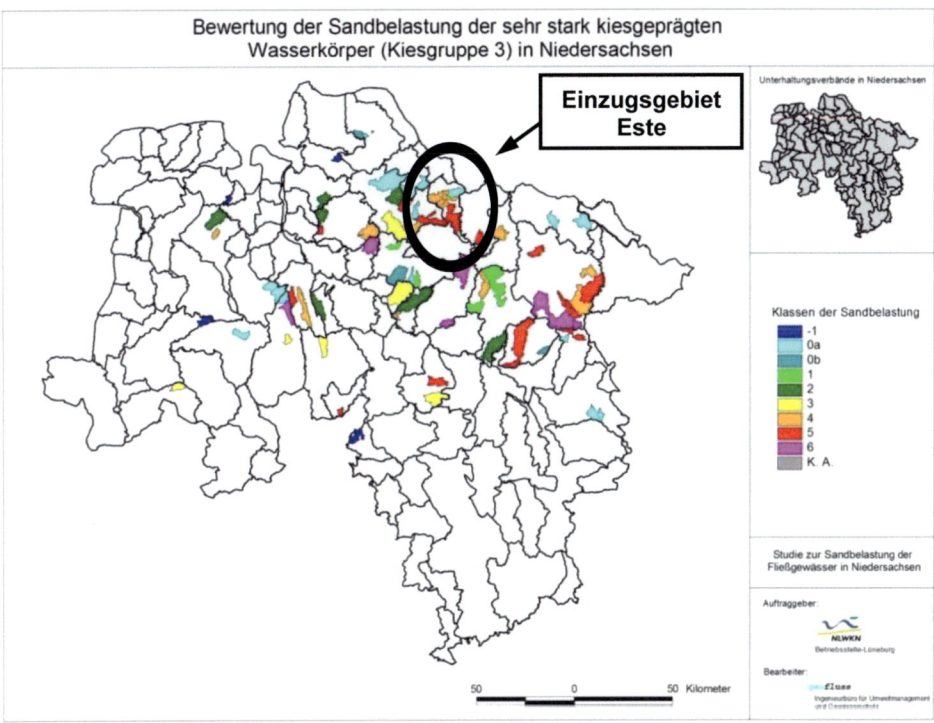

Abbildung 4.39 Sandbelastung der sehr stark kiesgeprägten Wasserkörper in Niedersachsen
(bearbeitet)
(geofluss 2011)

Die Abbildung weist dem betrachteten Gewässerabschnitt der Este zwischen den Pegeln Langeloh und Emmen vollständig die jeweils zweithöchste Gefährdungsklasse von insgesamt acht beziehungsweise neun definierten Gefährdungsklassen zu.

Als die wesentlichen Ursachen für die erhöhten Sandmassen in den Fließgewässern werden in der Studie

- der Pfad der Wassererosion und
- der Pfad der Winderosion

genannt. Die Wassererosionsgefährdung wird unter anderem auf die Bodenerosion von Ackerflächen (z.B. durch Starkregenereignisse) zurückgeführt, wobei Ackerflächen im Jahre 2004 in den Einzugsgebieten der Seeve und der Este rund 43 % der Bodennutzung stellen (vgl. Abbildung 4.42). Vor diesem Hintergrund sei auf den Sandgehalt des Oberbodens im Einzugsgebiet der Este von 75 – 100 %, siehe Abbildung 4.40, hingewiesen.

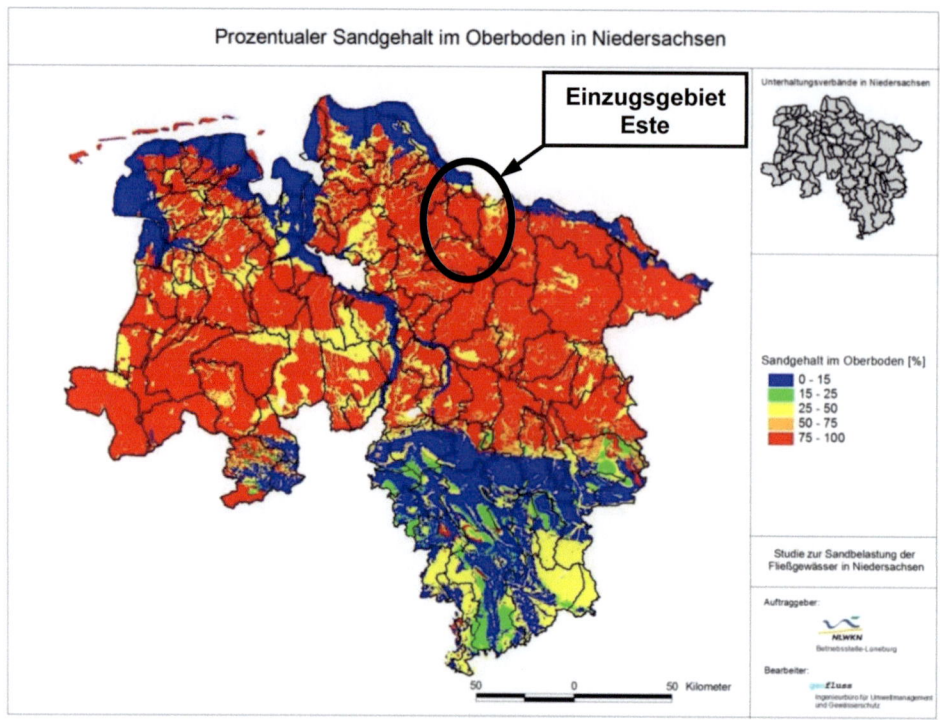

Abbildung 4.40 Prozentualer Sandgehalt im Oberboden in Niedersachsen (bearbeitet) (geofluss 2011)

Ein weiterer, bislang oft vernachlässigter Aspekt, der für die hohe Sandbelastung der niedersächsischen Fließgewässer mitverantwortlich ist, ist die gewässerinterne Erosion. Im Rahmen der Studie wurden zu dieser Thematik niedersächsische Unterhaltungsverbände unter anderem nach folgenden Hinweisen auf gewässerinterne Erosion befragt:

- unnatürliche Gewässereintiefung (Gewässersohle „sehr tief"),
- Uferabbrüche, Profilverbreiterungen,
- Unterspülungen, freigespülte Baumwurzeln usw. und
- fehlendes Sohlensubstrat (vor allem bei kiesgeprägten Gewässern).

Darüber hinaus wurden folgende Randbedingungen als förderlich für gewässerinterne Erosion benannt:

- begradigter Verlauf,
- freiliegende Uferbereiche,
- hohes Gefälle und
- hohe Fließgeschwindigkeiten und erhöhter Abfluss beziehungsweise erhöhte Abflussspitzen.

Der für den betrachteten Gewässerabschnitt der Este zuständige Unterhaltungsverband hat im Rahmen der Teilnahme an dieser Umfrage entsprechende Hinweise und Randbedingungen für gewässerinterne Erosion im Bereich der Este zurückgemeldet. Diese Hinweise können durch die Analyse der recherchierten Zustände der Este durch die vorliegende Projektarbeit bestätigt werden, siehe Abschnitt 5.2.3.

Auf die Darstellung der Sandbelastung aus Winderosion wird an dieser Stelle verzichtet und auf die Studie aus dem Jahr 2011 verwiesen.

4.4.3.3 Unnatürliche Sandfracht in Geestbächen nach Altmüller und Dettmer

Eine wichtige Grundlage für das Verständnis der natürlichen Bachgenese und die Problematik der unnatürlichen Sandfracht liefern Altmüller und Dettmer bereits vor annähernd 20 Jahren (1996). Während über Jahrhunderte dauernder Erosionsprozesse trägt das Gewässer nach und nach den sandigen Oberboden fort. Aufgrund relativ niedriger Schleppspannungen bleiben die groben Kornfraktionen (bis zur Größe von Findlingen) auf der Gewässersohle liegen und bilden ein kiesiges, festes Bett (Abbildung 4.41 a) bis c)). Folglich sind sämtliche Gewässer im Bereich der Lüneburger Heide als kiesgeprägte Tieflandgewässer zu klassifizieren.

Die Auswirkungen des Gewässerausbaus sind exemplarisch ebenfalls in der Abbildung 4.41 (d) und e)) dargestellt. Das Querprofil wird überdimensioniert ausgebaut, die kiesige, feste Sohle entfernt und lockerer Sand mobilisiert, der die Gewässersohle überdeckt und die Überbleibsel des Kieslückensystems verstopft.

Altmüller und Dettmer nennen

- unsachgemäße Gewässerunterhaltung (fortsetzende Eintiefung, Entfernen natürlicher Sohlsubstrate, Nachrutschen der verletzten Ufer) von Gräben und Nebenbächen,
- Melioration (Feinsandtransport durch enorme Längen von Flächendräns und Feinsandtransport von instabilen Ufern angelegter Entwässerungsgräben),
- Wassererosion von Ackerflächen (bei Starkregenereignissen auf vegetationslosen Äckerboden),
- Straßen und unbefestigte Flächen (keine Versickerung von Wasser, sondern Transport von feinen Partikeln auf Straßen oder unbefestigten Flächen direkt über das Kanalsystem in den Bach),
- Fischteiche (Ablassen der Teiche) und
- Mühlenteiche (Sand- und Schlammablagerungen teilweise über Jahre aufgrund geänderter Nutzung, die im Hochwasserfall zur Gefahrenabwehr durch Ziehen des Mühlenwehrs schlagartig abtransportiert werden)

als Hauptquellen für die unnatürlich hohen Sandfrachten, die grundsätzlich alle Fließgewässer der Geest beeinträchtigen.

Auf eine detailliertere Erläuterung wird an dieser Stelle verzichtet und auf Altmüller und Dettmer (1996) verwiesen. Es bleibt festzuhalten, dass sämtliche genannten Hauptquellen zahlreich im Einzugsgebiet des betrachteten Abschnitts der Este zu finden und seit Jahrzehnten bekannt sind. Ziel muss es für eine nachhaltige ökologische Entwicklung der Este sein, die Ursachen der hohen Sandführung im größtmöglichen Maß abzustellen. Insbesondere der Schutz der Gewässer dritter Ordnung mit ihrer exzessiven Agrarnutzung im Umfeld und fehlendem rechtlichen Schutz ihres Lebensraums erscheint vor diesem Hintergrund unerlässlich.

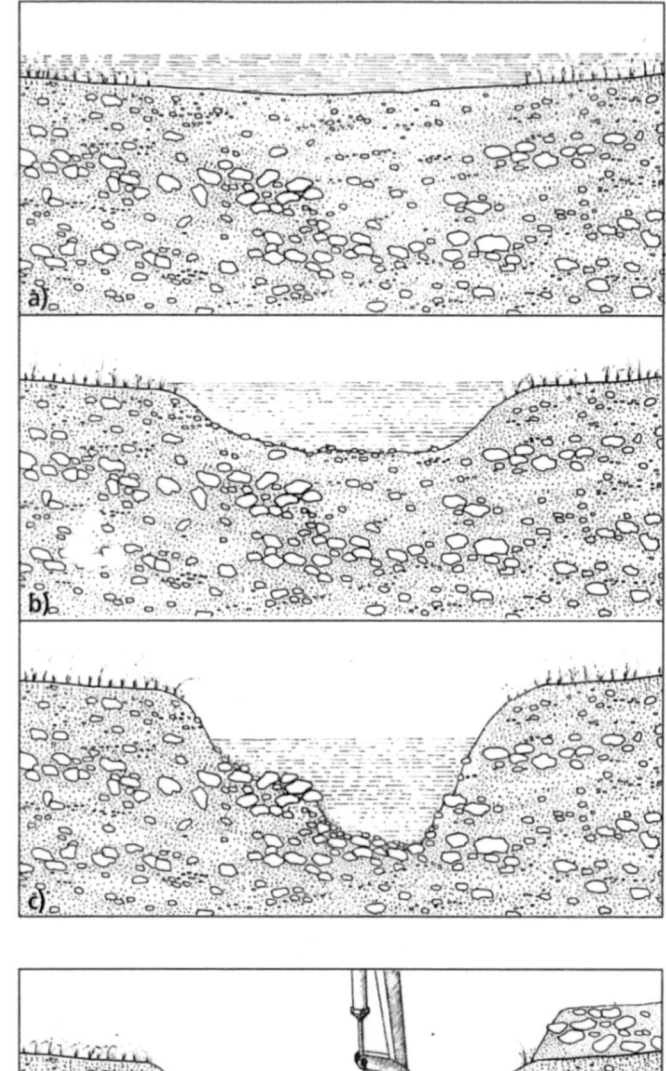
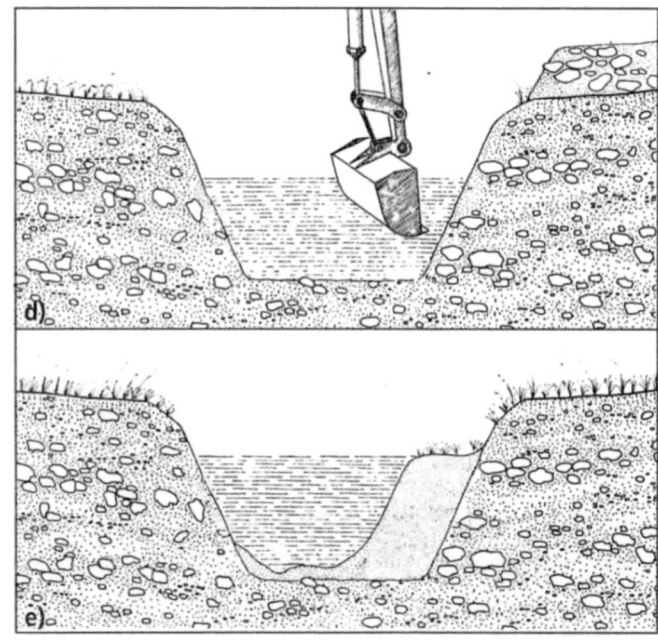

Abbildung 4.41 Bachgenese und Ausbaggerung
a) „Urzustand"; b) + c) Bachgenese durch Erosion; d) Ausbaggerung; e) Sedimentation von Schlamm und Sand im überdimensionierten Bachbett (Altmüller und Dettmer 1996)

4.4.4 Nutzungen im Einzugsgebiet und Querbauwerke im Verlauf der Este

Zur Darstellung der Ursache von Wassererosion von Ackerflächen sowie des Eintrags von feinen Partikeln von Straßen und unbefestigten Flächen, siehe Abbildung 4.42.

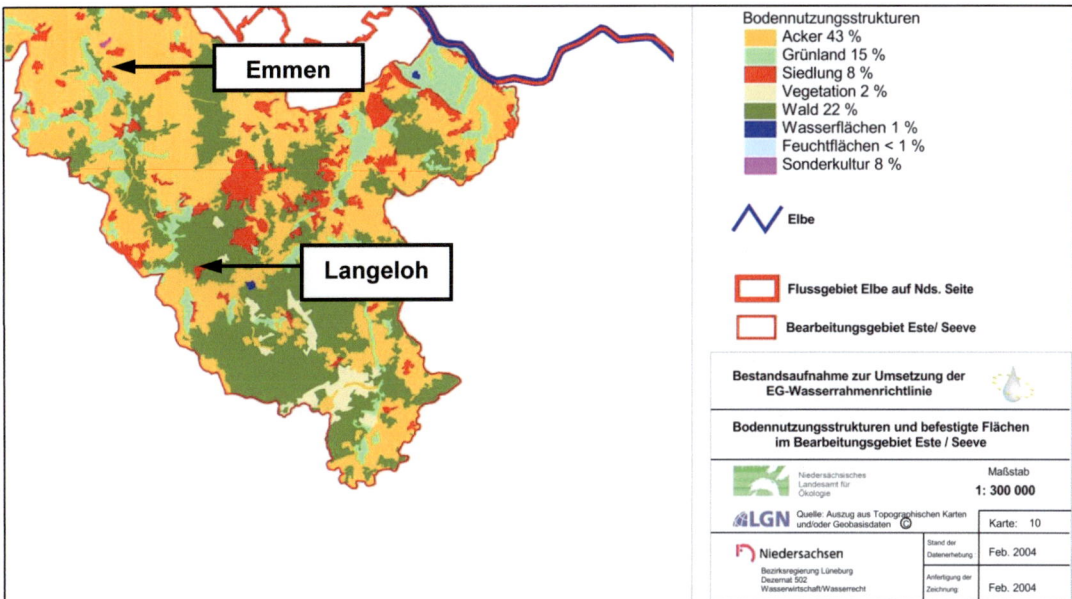

Abbildung 4.42 Bodennutzungsstruktur und befestigte Flächen im Bearbeitungsgebiet Este / Seeve, Februar 2004 (bearbeitet)
(Quelle: http://www.wasserblick.net/servlet/is/29220/?lang=de)

Diese beiden Bodennutzungsstrukturen machen 43 % und 8 % des gesamten Gebiets der Este und der Seeve aus – in Summe also mehr als 50 %. Bei dem anstehenden Oberboden, der zu 75 bis 100 % aus Sand besteht (Abbildung 4.40), ist Flächenerosion bei Starkregenereignissen auf vegetationslose Flächen die Folge.

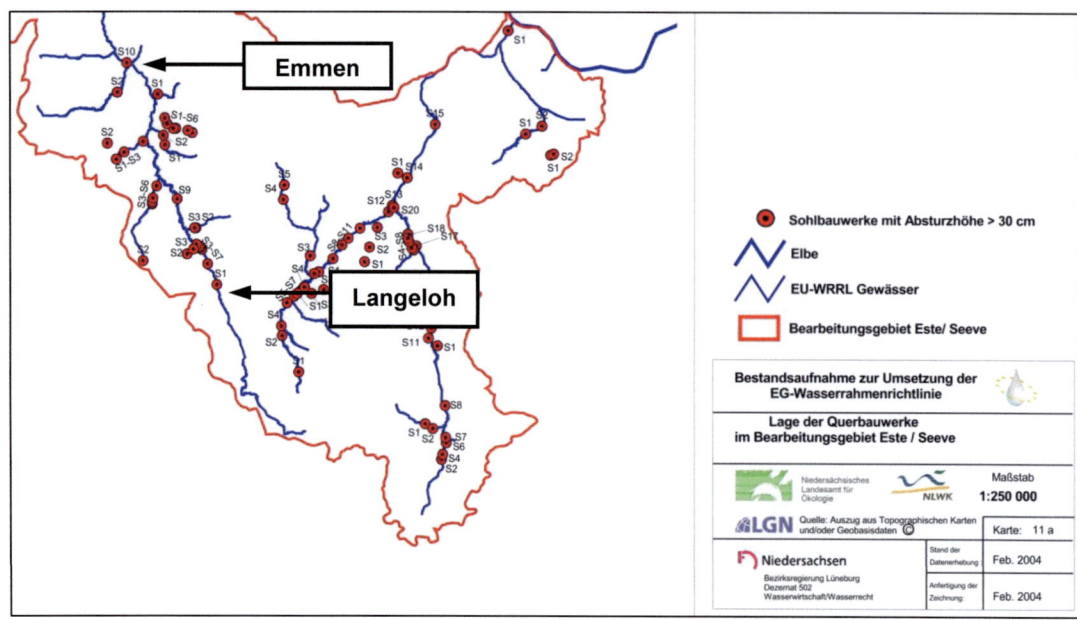

Abbildung 4.43 Lage der Querbauwerke mit einer Absturzhöhe > 30 cm im Bearbeitungsgebiet Este / Seeve, Februar 2004 (bearbeitet)
(Quelle: http://www.wasserblick.net/servlet/is/29220/?lang=de)

Neben der unnatürlich hohen Sandfracht, die den Lebensraum der Este beeinträchtigt, sind im Gewässerverlauf zwischen Langeloh und Emmen zudem zahlreiche Querbauwerke vorhanden, die die Durchgängigkeit des Gewässers einschränken. In Abbildung 4.43 sind exemplarisch die Wanderhindernisse mit Absturzhöhen > 30 cm dargestellt – zwischen den Pegeln Langeloh und Emmen sind dies insgesamt zehn Stück. Unter anderem handelt es sich dabei um Sohlschwellen und Sohlabstürze im Bereich der Strecke 2, die auf die Untersuchungen zur Sandführung der Este und Empfehlungen nach Leßmann (1983) zurückzuführen sind (vgl. hierzu Abschnitt 4.4.3.1 und Abbildung 4.5). Als das größte Hindernis im Untersuchungsgebiet aber trägt der Bötersheimer Mühlenteich mit seinem Wehr und dem Damm mit Rohrdurchlass zur eingeschränkten Durchgängigkeit der Este bei (siehe Abbildung 4.15).

5 Beschreibung und Analyse der ermittelten Zustände hinsichtlich morphologischer Parameter

5.1 Begriffsdefinitionen

5.1.1 Windungsfaktor und Laufform

Der Windungsfaktor c_W (oder Windungsgrad) beschreibt das Verhältnis des Fließwegs zum Talweg. Aus dem Windungsgrad eines Fließgewässers lässt sich dessen Laufform (Laufkrümmung) ableiten. Ein kleiner Windungsgrad zwischen 1,01 und 1,06 bedeutet, dass das Fließgewässer einen gestreckten Verlauf besitzt. Stark mäandrierende Fließgewässer weisen höhere Windungsgrade > 2 auf (siehe Tabelle 5.1). Eine exemplarische Darstellung der verschiedenen Laufformen ist der Abbildung 5.1 zu entnehmen.

Windungsgrad	Laufkrümmung	Verhältnis potenziell natürlicher Gerinnebreite zu Entwicklungskorridorbreite
1,01 – 1,06	gestreckt	1:1,5 bis 1:2
1,06 – 1,25	schwach gewunden	1:2 bis 1:3
1,25 – 1,5	gewunden	1:3 bis 1:5
1,5 – 2	mäandrierend	1:5 bis 1:10
> 2	stark mäandrierend	> 1:10

Tabelle 5.1 Windungsgrade, Laufkrümmung und Verhältnis potenziell natürlicher Gerinnebreite zu Entwicklungskorridorbreite (MUNLV NRW 2010)

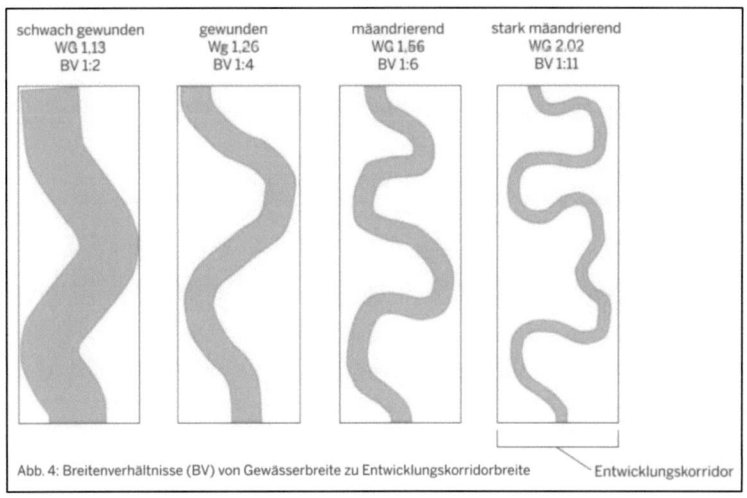

Abbildung 5.1 Breitenverhältnis BV von Gewässerbreite zu Entwicklungskorridorbreite (MUNLV NRW 2010)

5.1.2 Formfaktor

Der Formfaktor beschreibt das Verhältnis der bordvollen Gerinnebreite b_{bv} zur bordvollen Gerinnetiefe h_{bv}. Wenn die Wände und die Sohle nahezu die gleiche Rauheit aufweisen, gilt für einen Formfaktor ≤ 10, dass ein schmales Fließgewässer vorliegt. Ist der Formfaktor > 10, spricht man von einem breiten Fließgewässer [(vgl. (LfU BW 2002)].

5.2 Beschreibung der ermittelten Zustände

Die ermittelten Zustände

- aus dem Jahr 1769,
- der 1920er Jahre vor und nach den Ausbaumaßnahmen sowie
- des heutigen Zustands (2000er Jahre)

wurden hinsichtlich der morphologischen Parameter

- Windungsfaktor und Laufkrümmung im Lageplan,
- Formfaktor (Verhältnis bordvoller Gerinnebreite zu bordvoller Gerinnetiefe) im Querprofil und
- der jeweils vorhandenen Sohlgefälle im Längsschnitt

untersucht und beschrieben.

Im Folgenden werden die maßgebenden Ergebnisse der vergleichenden Analysen vorgestellt.

5.2.1 Windungsfaktoren und Laufkrümmungen

Auf eine detaillierte tabellarische Darstellung wird an dieser Stelle verzichtet. Die Windungsfaktoren der sieben untersuchten Streckenabschnitte bewegten sich im Jahr 1769 zwischen 1,11 und 1,34, die Este hatte einen schwach gewundenen bis gewundenen Verlauf.

Vor den Ausbaumaßnahmen der 1920er Jahre bewegten sich die Windungsfaktoren zwischen 1,03 und 1,28, der Bachlauf wies eine gestreckte bis gewundene Laufform auf.

Die Auswertung des heutigen Verlaufs der Este ergibt Windungsgrade zwischen 1,02 und 1,19, also einen gestreckten bis schwach gewundenen Bachlauf.

Die vergleichende Betrachtung verdeutlicht, dass der Windungsfaktor der Este durch die Begradigungen und Ausbaumaßnahmen im Mittel um rund 10 % abgenommen hat und die Este in einen annähernd durchgehenden gestreckten Verlauf überführt wurde (vgl. Tabelle 5.2).

Zustand	Fließweg l_M [km]	Fließwegdifferenz im Bezug zu 1769 [km]	Fließweg l_M im Bezug zu 1769 [%]	Windungs- faktor c_w [-]	Windungsfaktor c_w im Bezug zu 1769 [-]
1769	21,39	0,00	100	1,235	100
1920er	20,30	-1,09	94,9	1,159	93,8
2000er	18,43	-2,96	86,2	1,113	90,1

Tabelle 5.2 Vergleich der Fließwege und Windungsfaktoren der einzelnen Zustände

Der Vergleich der Fließ- und Talwege der einzelnen Zustände offenbart, wie der Lauf der Este durch die Begradigungen der Ausbaumaßnahmen in der Vergangenheit verkürzt wurde. Dem Bach fehlen rund 15 % seines Fließwegs.

5.2.2 Formfaktoren, bordvolle Breite und bordvolle Wassertiefe

Um die Formfaktoren der einzelnen Zustände zu ermitteln, wurden die recherchierten Querprofile der Este vor und nach den Ausbaumaßnahmen der 1920er sowie die Querprofile der 2000er Jahre digital aufbereitet und ausgewertet. Zum Zustand aus dem Jahr 1769 lagen keine Daten zu den Querprofilen vor.

Für die Ermittlung der Formfaktoren, also der Verhältnisse der bordvollen Breite b_{bv} zur bordvollen Wassertiefe h_{bv}, wurden aus den vorliegenden Daten die entsprechenden Geometrien ermittelt. Die Entwicklung über den zeitlichen Verlauf ist in Abbildung 5.2 und Abbildung 5.3 dargestellt. Deutlich zu erkennen: Die Este hat sich aufgrund der Störungen durch die Ausbaumaßnahmen und deren Folgen stark verbreitert und eingetieft.

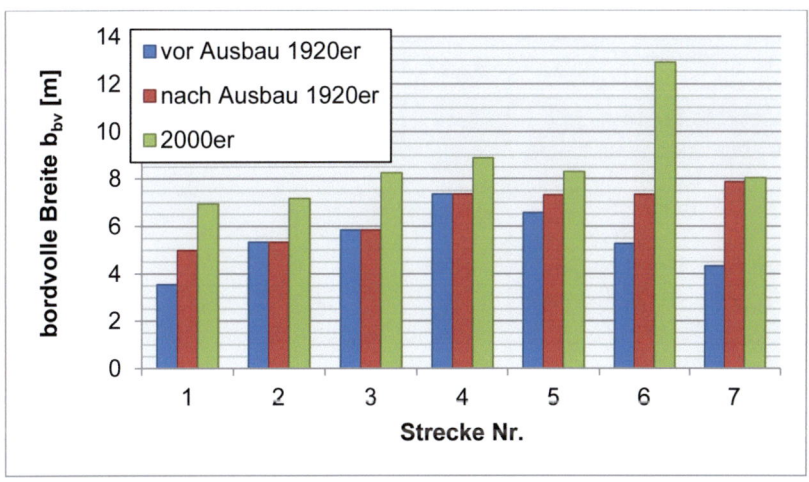

Abbildung 5.2 Vergleich der bordvollen Breite b_{bv} in der zeitlichen Entwicklung

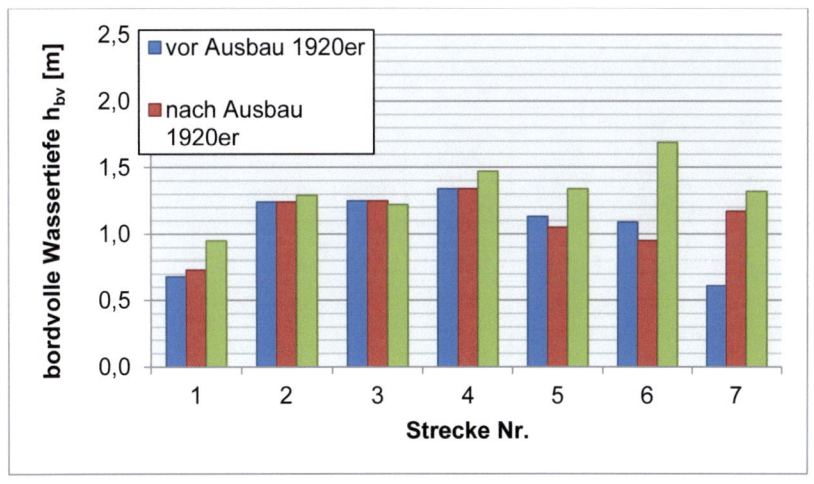

Abbildung 5.3 Vergleich der bordvollen Wassertiefe h_{bv} in der zeitlichen Entwicklung

Die durchschnittlichen bordvollen Breiten und bordvollen Wassertiefen der definierten sieben Streckenabschnitte sind in Tabelle 5.3 zusammengestellt und die Entwicklung zwischen den einzelnen Zuständen prozentual gegenübergestellt. Der Vergleich zwischen dem Zustand der 2000er und dem Zustand vor den Ausbaumaßnahmen der 1920er zeigt, dass sich die Este sowohl hinsichtlich der bordvollen Breite als auch der bordvollen Wassertiefe in einem deutlich größeren Profil bewegt. In der Strecke 1 hat sich z.B. die bordvolle Breite um den Faktor 2 und in der Strecke 6 sogar annähernd um den Faktor 2,5 vergrößert. In der Strecke 7 ist die bordvolle Wassertiefe gegenüber dem Zustand vor den Ausbaumaßnahmen der 1920er ebenfalls um den Faktor 2 erhöht.

Strecke Nr.	Parameter [ø]	Ausbau 1920er			2000er	Δ zum Ausbau 1920er [%]	
		vorher	nachher	Δ zu vorher [%]		vorher	nachher
1	bordvolle Breite b_{bv} [m]	3,55	4,98	140	6,94	195	139
	max. bordvolle Wassertiefe h_{bv} [m]	0,68	0,73	107	0,95	140	130
	Formfaktor $c_{F,max} = b_{bv} / h_{bv}$ [-]	5,637	6,775	120	7,553	134	111
2	bordvolle Breite b_{bv} [m]	5,33	-	-	7,17	135	-
	max. bordvolle Wassertiefe h_{bv} [m]	1,24	-	-	1,29	104	-
	Formfaktor $c_{F,max} = b_{bv} / h_{bv}$ [-]	4,324	-	-	5,703	132	-
3	bordvolle Breite b_{bv} [m]	5,84	-	-	8,24	141	-
	max. bordvolle Wassertiefe h_{bv} [m]	1,25	-	-	1,22	98	-
	Formfaktor $c_{F,max} = b_{bv} / h_{bv}$ [-]	4,867	-	-	7,049	145	-
4	bordvolle Breite b_{bv} [m]	7,35	-	-	8,88	121	-
	max. bordvolle Wassertiefe h_{bv} [m]	1,34	-	-	1,47	110	-
	Formfaktor $c_{F,max} = b_{bv} / h_{bv}$ [-]	5,653	-	-	6,101	108	-
5	bordvolle Breite b_{bv} [m]	6,56	7,31	111	8,29	126	113
	max. bordvolle Wassertiefe h_{bv} [m]	1,13	1,05	93	1,34	119	128
	Formfaktor $c_{F,max} = b_{bv} / h_{bv}$ [-]	5,852	7,010	120	6,191	106	106
6	bordvolle Breite b_{bv} [m]	5,26	7,34	140	12,91	245	176
	max. bordvolle Wassertiefe h_{bv} [m]	1,09	0,95	87	1,69	155	178
	Formfaktor $c_{F,max} = b_{bv} / h_{bv}$ [-]	5,028	7,835	156	8,052	160	103
7	bordvolle Breite b_{bv} [m]	4,32	7,87	182	8,03	186	102
	max. bordvolle Wassertiefe h_{bv} [m]	0,61	1,17	192	1,32	216	113
	Formfaktor $c_{F,max} = b_{bv} / h_{bv}$ [-]	4,711	6,754	143	6,189	131	92

Tabelle 5.3 Zusammenfassung und Vergleich der regimetheoretischen Parameter

Auch auf das Verhältnis der bordvollen Breite zur bordvollen Wassertiefe hatten die Ausbaumaßnahmen Auswirkungen. So zeigt sich eine Erhöhung der Formfaktoren zwischen dem Zustand vor den Ausbaumaßnahmen der 1920er zum heutigen Zustand um den Faktor 1,10 in der Strecke 5 bis Faktor 1,60 in Strecke 6.

Zwischen dem Zustand vor den Ausbaumaßnahmen der 1920er Jahre und dem heutigen Zustand fand eine Erhöhung des Formfaktors von $c_F < 5$ zu Werten in der Größenordnung $c_F = 8$ statt. Dies bedeutet, dass die Este durch die anthropogenen Eingriffe der Vergangenheit von einem naturnah eher schmalen Gewässer deutlich in die Richtung eines breiten Gewässers gedrängt wurde (vgl. Abschnitt 5.1.2).

5.2.3 Fließquerschnitte

Um die Vergrößerung der bordvollen Breiten und der bordvollen Wassertiefen sowie die Erhöhung der Formfaktoren anschaulicher darzustellen, wurden ebenfalls die Entwicklungen der Fließquerschnitte im bordvollen Zustand miteinander verglichen.

Eine bildliche Darstellung der Ergebnisse kann der Abbildung 5.4 entnommen werden.

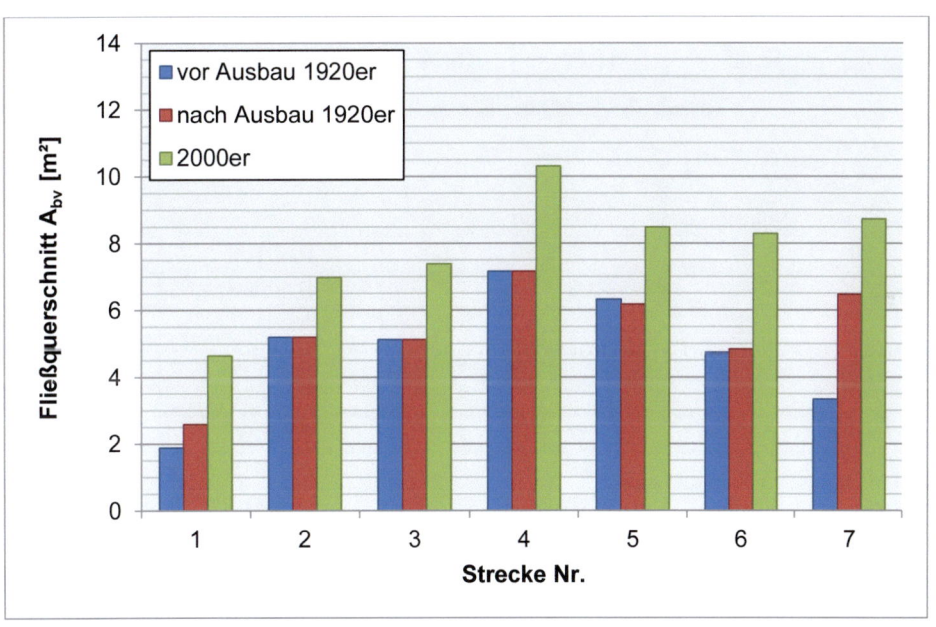

Abbildung 5.4 Vergleich der Fließquerschnitte in der zeitlichen Entwicklung

Auch hier zeigt sich, welche Auswirkungen die Ausbaumaßnahmen der 1920er Jahre bis in die heutige Zeit haben. Die bordvollen Fließquerschnitte A_{bv} vergrößerten sich im gesamten Verlauf der Este erheblich.

Im Vergleich des heutigen Zustands zum genehmigten Zustand nach den Ausbaumaßnahmen der 1920er Jahre beträgt die Vergrößerung des bordvollen Fließquerschnitts im Durchschnitt $\Delta = +2{,}42$ m²/m. Dies bedeutet, dass allein im Untersuchungsgebiet durch die Folgen der Ausbau- und Gewässerunterhaltungsmaßnahmen ein Gesamtbodenverlust unter anderem durch die eingeleiteten Erosionsprozesse eingetreten ist, der gegenüber dem genehmigten Ausbauprofil von

V = 18,43 km x 2,42 m³/m = rund 45.000 m³ beträgt. Ausgelöst wurde dies durch den fehlenden standorttypischen Gehölzsaum sowie die in den 1980ern eingestellten, vorher regelhaft durchgängigen Stackarbeiten im Gewässerverlauf.

5.2.4 Sohlgefälle

Auch die Sohlgefälle sind von den Begradigungen der Ausbaumaßnahmen betroffen. Die Veränderungen der Sohlgefälle der einzelnen Strecken 1 bis 7 sind in Tabelle 5.4 bis Tabelle 5.6 dokumentiert.

Strecke Nr.	Fließweg l_M [km]	Talweg l_W [km]	Δh [m]	Sohlgefälle $l_M = \Delta h/l_M$ [-]	Talgefälle $l_{Tal} = \Delta h/l_W$ [-]
1	2,03	2,00	3,30	0,00163	0,00165
2	2,42	2,28	1,40	0,00058	0,00061
3	2,75	2,42	2,20	0,00080	0,00091
4	3,34	2,91	3,00	0,00090	0,00103
5	3,25	2,73	2,20	0,00068	0,00081
6	2,31	2,01	1,75	0,00076	0,00087
7	2,33	2,21	1,20	0,00052	0,00054
$\sum / \varnothing$	18,43	16,56	15,05	0,00082	0,00091

Tabelle 5.4 Sohlgefälle des heutigen Zustands

Strecke Nr.	Fließweg l_M [km]	Talweg l_W [km]	Δh [m]	Sohlgefälle $l_M = \Delta h/l_M$ [-]	Talgefälle $l_{Tal} = \Delta h/l_W$ [-]
1	2,09	2,03	3,80	0,00182	0,00187
2	2,54	2,28	2,50	0,00098	0,00110
3	2,82	2,43	2,00	0,00071	0,00082
4	3,19	2,71	2,50	0,00078	0,00092
5	3,39	2,64	2,00	0,00059	0,00076
6	2,85	2,57	1,55	0,00054	0,00060
7	3,42	2,85	0,60	0,00018	0,00021
$\sum / \varnothing$	20,30	17,51	14,95	0,00074	0,00085

Tabelle 5.5 Sohlgefälle des Zustands vor dem Ausbau der 1920er Jahre

Strecke Nr.	Fließweg l_M [km]	Talweg l_W [km]	ca. Δh [m]	Sohlgefälle $l_M = \Delta h/l_M$ [-]	Talgefälle $l_{Tal} = \Delta h/l_W$ [-]
$\sum / \varnothing$	21,39	17,32	15,00	0,00070	0,00087

Tabelle 5.6 Sohlgefälle des Zustands von 1769

Es zeigt sich, dass das durchschnittliche Sohlgefälle des betrachteten Gewässerabschnitts zwischen den Pegeln Langeloh und Emmen als Folge der Ausbaumaßnahmen im heutigen Zustand deutlich steiler ausgeprägt ist als im naturnäheren Zustand von 1769. Das durchschnittliche Sohlgefälle bewegt sich von 0,70 ‰ im Jahr 1769 über 0,74 ‰ vor dem Ausbau der 1920er Jahre bis hin zu 0,82 ‰ im heutigen Zustand. Dies entspricht einer Zunahme des Sohlgefälles von rund 17 %.

Die Abbildung 5.5 verdeutlicht die Abnahme des Fließwegs und die Zunahme des Sohlgefälles durch die Begradigungen der Ausbaumaßnahmen im Verlauf der zeitlichen Entwicklung zwischen dem 18. Jahrhundert und heute.

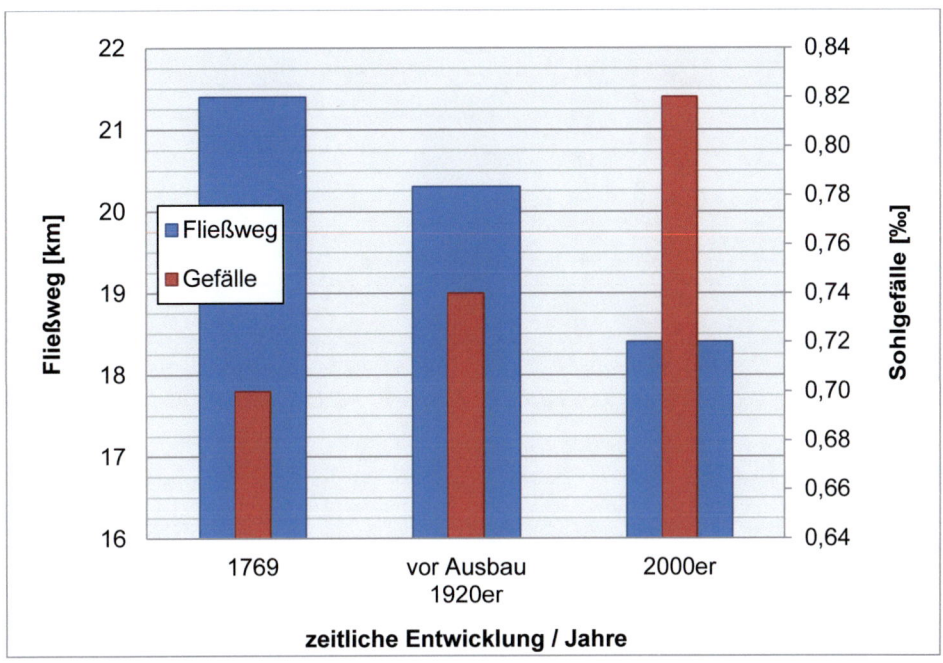

Abbildung 5.5 Vergleich Fließweg und Sohlgefälle in der zeitlichen Entwicklung

Die Veränderungen der Sohlhöhen und Sohlgefälle im zeitlichen Verlauf vom Zustand vor dem Ausbau der 1920er Jahre bis zum heutigen Zustand sind in der Abbildung 5.6 dargestellt. Die Eintiefung der Este ins Gelände ist neben der Zunahme des Sohlgefälles deutlich erkennbar.

Beschreibung und Analyse der ermittelten Zustände hinsichtlich morphologischer Parameter

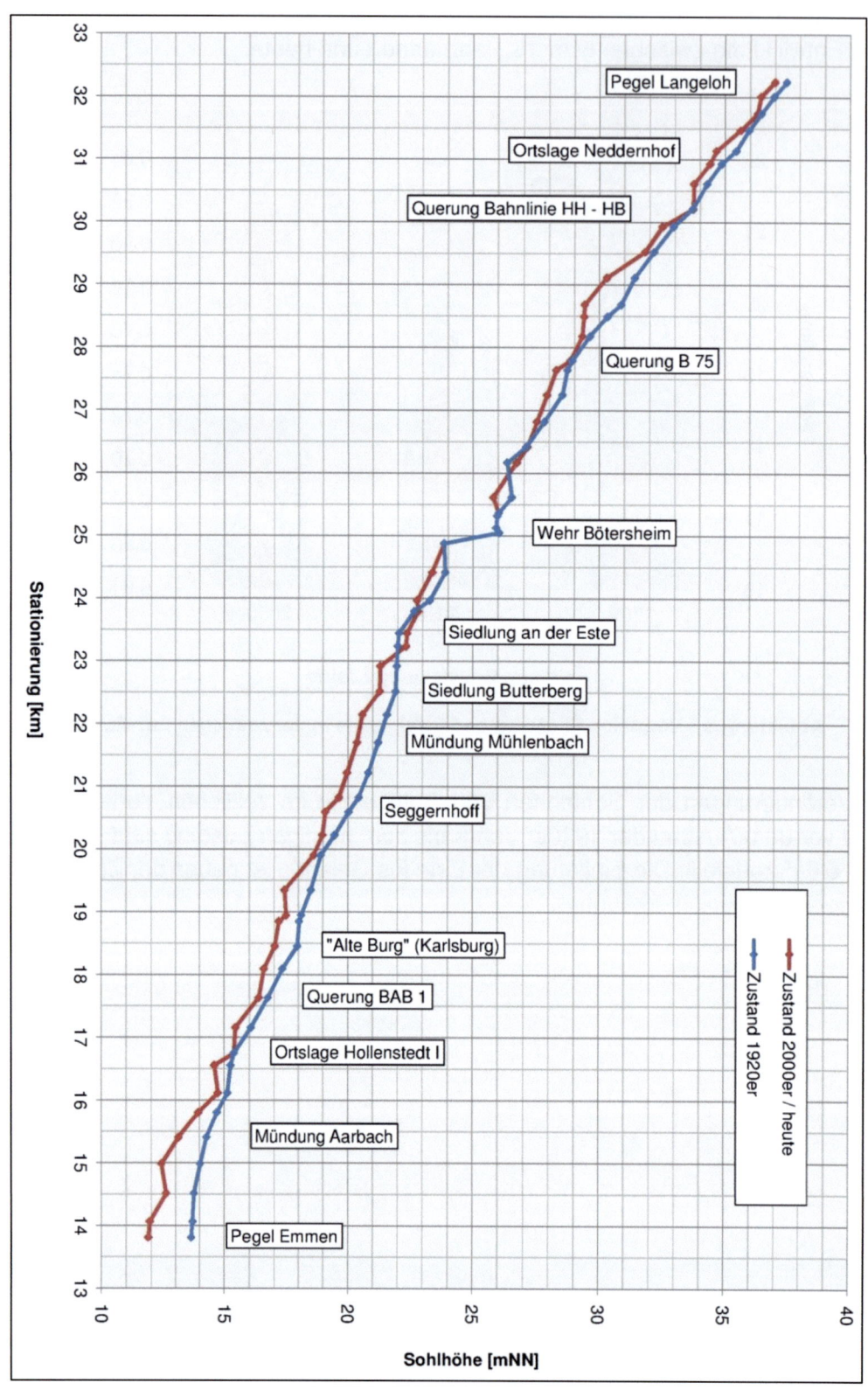

Abbildung 5.6 Vergleich Sohlgefälle (Sohlhöhen) in der zeitlichen Entwicklung (Längsschnitt)

5.3 Ergebniszusammenstellung und Schlussfolgerungen

Aus den Analysen und Ergebnissen der vorangegangenen Abschnitte und der zugehörigen Anlagen der Originalarbeit (Tent 2014) ist ersichtlich, dass der heutige Zustand der Este im untersuchten Gewässerabschnitt durch anthropogene Überprägung sowohl in Laufform, Windungsfaktor und Sohlgefälle als auch im Formfaktor, der den Zustand im Querprofil widerspiegelt, gekennzeichnet ist. Der Ist-Zustand entspricht nicht annähernd den recherchierten historischen Zuständen vor den durchgeführten Ausbaumaßnahmen der 1920er Jahre und der Mitte des 18. Jahrhunderts, sodass der heutige Zustand der Este nicht als naturnah beschrieben werden kann.

Für die Definition eines morphologischen Leitbildes sowie die Planung und Konzeption von Maßnahmen zur Verbesserung der Gewässerstrukturgüte zum Zweck der naturnahen Umgestaltung des betrachteten Gewässerabschnitts der Este sind Vorhersagen zur naturnahen Fließgewässermorphologie zu entwickeln. Diese können mit Blick auf den betrachteten Gewässerabschnitt durch zwei Maßnahmestrategien und deren Zusammenspiel realisiert werden [vgl. (Harnischmacher 2002)]:

(1) Ingenieurmäßige Modellierung eines naturnahen Zustands oder
(2) Initialisierung der Eigendynamik im Gewässer.

Für den Fall (1) müssen möglichst präzise Erkenntnisse über die naturnahe, stabile, Gewässermorphologie bekannt sein, um später erforderlichen Unterhaltungsaufwand aus eigendynamischen Prozessen des Fließgewässers zu minimieren. Für das Vorgehen nach dem Fall (2) bedeuten präzisere Informationen zur naturnahen Gewässermorphologie die Möglichkeit, die sich durch Initialisierung der Eigendynamik ausbildenden Gewässerdimensionen abzuschätzen, was insbesondere für die Ermittlung des erforderlichen Flächenbedarfs von Nutzen ist [vgl. (Harnischmacher 2002)].

In den vergangenen Jahrzehnten wurden von verschiedenen Autoren aus Naturbeobachtungen zahlreicher Fließgewässer die Verhältnisse voneinander unabhängiger und abhängiger morphologischer Parameter untersucht. Die zueinander in Beziehung gesetzten Parameter wurden durch Korrelationsrechnungen ausgewertet. Ziel war die Ableitung allgemeingültiger Zusammenhänge und Gesetzmäßigkeiten, die das dynamische Gleichgewicht eines Fließgewässers in Annäherung formulieren lassen [vgl. (Harnischmacher 2002)].

Diese als „Regimetheorie" bekannten Ansätze werden im Folgeabschnitt von ausgewählten Autoren vorgestellt und auf den betrachteten Gewässerabschnitt der Este angewendet. Die ermittelten hydraulischen Geometrien werden miteinander verglichen und den in den vorangegangenen Abschnitten ermittelten historischen Zuständen gegenübergestellt.

Ziel ist es, aus dem Vergleich der recherchierten historischen Zustände zu den Ergebnissen der aus Naturbeobachtungen heraus empirisch hergeleiteten Gesetzmäßigkeiten einen möglichst naturnahen Zielzustand des betrachteten Gewässerabschnitts im Hinblick auf seinen Verlauf und die hydraulische Geometrie zu definieren.

6 Die Regimetheorie

6.1 Allgemeines zur Anwendung regimetheoretischer Ansätze

Regimetheoretische Ansätze als allgemeingültig formulierte Gesetzmäßigkeiten sind das Ergebnis empirischer Naturuntersuchungen, aus denen funktionale Zusammenhänge für den morphologischen Zustand von Fließgewässern abgeleitet wurden, um das natürliche dynamische Gleichgewicht dieser Fließgewässer zu beschreiben [vgl. unter anderem (Stamm und Stoebenau 2012), (Pasche und Kilic, Morphodynamische Grundlagen der Dhünn zur Abschätzung einer natürlichen Gewässerentwicklung 2005), (Harnischmacher 2002)].

Zu regimetheoretischen Ansätzen sind in der Literatur zahlreiche Angaben von Autoren und Forscher zu finden, deren Untersuchungen in unterschiedlichen Regionen der Erde durchgeführt wurden. Entsprechend vielfältige Randbedingungen spielen bei diesen unterschiedlichen Ansätzen eine Rolle, so dass es nicht die eine „richtige" Regimetheorie geben kann, sondern dass es sich vielmehr um regional anzuwendende Ansätze handeln muss.

Die Übertragbarkeit der Anwendung dieser einzelnen Ansätze auf andere Fließgewässersysteme – und insbesondere Fließgewässersysteme anderer Regionen – muss folglich immer einer Überprüfung unterzogen werden. Liegen beispielsweise wie im Rahmen der Bearbeitung dieser Projektarbeit historische (naturnahe) Daten über den betrachteten Gewässerabschnitt vor, kann diese Prüfung durch den Vergleich mit den Erkenntnissen aus verschiedenen regimetheoretischen Ansätzen durchgeführt werden. Lassen sich aus dieser Vergleichsbetrachtung heraus Parallelen in der Ausprägung einzelner morphologischer Parameter und geometrischer Kenngrößen erkennen, die die Zulässigkeit der Anwendung belegen, ist die Regimetheorie eine geeignete Methode, um einen naturnahen morphologischen Zustand des betrachteten Gewässerabschnitts zu beschreiben.

Vor dem Hintergrund der Bewertung von hydromorphologischen Qualitätsmerkmalen im Istzustand eines Gewässers und der Prognose der Auswirkungen geplanter morphologischer Veränderungen zur Verbesserung der Gewässerstrukturgüte im Sinne des Wasserrechts (siehe Abschnitt 2) bilden regimetheoretische Ansätze eine gute Grundlage (Pasche und Kilic, Morphodynamische Grundlagen der Dhünn zur Abschätzung einer natürlichen Gewässerentwicklung 2005), die für die Este in den Folgeabschnitten vorgestellt und angewendet wird.

6.2 Zur Entstehung regimetheoretischer Ansätze

Einen Überblick über die Entstehung der unterschiedlichen regimetheoretischen Ansätze gibt (Harnischmacher 2002). Darin heißt es: „Erste Ansätze dieser Art gehen auf das späte 19. und frühe 20. Jahrhundert zurück, als britische Ingenieure im heutigen Indien und Pakistan zahlreiche Bewässerungskanäle planten und bauten, die *mit einem möglichst geringen Unterhaltungsaufwand* betrieben werden sollten [s. (Shields 1996)]. Derartige Kanäle wurden als „in regime" bezeichnet, wenn sie die gegebenen Abflüsse und Sedimentfrachten über einen langen Zeitraum bei annähernd konstanter Breite und Tiefe sowie unverändertem Gefälle abtransportieren konnten. Sie befanden sich dann in einem stabilen Gleichgewichtszustand." Nach Harnischmacher wird die Bezeichnung „in regime" auch in der aktuellen Literatur zur Fließgewässermorphologie weiterhin verwendet, wenn es um die Beschreibung von Flüssen geht, die „über einen Zeitraum von mehreren Jahren ihre durchschnittliche Gestalt und Dimension beibehalten. Die oberstrom zugeführte Sedimentfracht wird dann ohne Nettogewinn oder –verlust an Sediment durchtransportiert".

Die Untersuchung der Korrelation von abhängigen Variablen wie Fließgeschwindigkeit, benetzter Umfang, Sohlgefälle, Gewässerbreite und durchströmter Querschnitt sowie unabhängiger Kenngrößen wie Abfluss, Talgefälle, Sohlenbeschaffenheit und hydraulischer Radius wurden in den Anfängen der Regimetheorie durch die bekanntesten Vertreter Lacey (1930), Inglis (1948) und Blench (1957) fast ausschließlich auf künstliche Kanäle beschränkt (Harnischmacher 2002).

Erst in den 1950er Jahren wurden die o.g. empirischen Gesetzmäßigkeiten durch Naturbeobachtungen auf natürliche Fließgewässer übertragen. Das Verhältnis von Gewässerbreite, Tiefe und Fließgeschwindigkeit zu dem unabhängigen Parameter Abfluss wurde darin abgeleitet, der Begriff der „hydraulischen Geometrie" geprägt [s. (Leopold und Maddock 1953)].

Weiterentwickelt wurden diese Ansätze in den folgenden Jahren durch Naturbeobachtungen weiterer Autoren. So wurde beispielsweise die Ufervegetation als weiterer Einflussparameter auf die hydraulische Geometrie eingeführt (Hey und Thorne 1986). Weitere Untersuchungen von Schumm an 90 Flüssen der Great Plains in den USA zeigten die Korrelation zwischen Korngröße des Sohl- und Ufersubstrats als unabhängige Größe und dem Verhältnis der Gewässerbreite zur Gewässertiefe als abhängige Variable [s. (Schumm 1960) zitiert in (Harnischmacher 2002)].

Sowohl zur ursprünglichen Regimetheorie als auch zum Begriff der hydraulischen Geometrie gibt es zahlreiche weitere Untersuchungen, die in der Literatur zu finden sind. Als aktuelle Anwendung dieser Ansätze ist die Leitbildentwicklung und die Definition von Entwicklungszielen für die naturnahe Umgestaltung von Fließgewässern im Sinne der EG-WRRL zu nennen. Einige dieser Ansätze wurden ausgewählt und auf den Gewässerabschnitt der Este zwischen Langeloh und Emmen angewendet.

In den Folgeabschnitten der vorliegenden Projektarbeit werden die ausgewählten Ansätze vorgestellt und die Ergebnisse diskutiert. Der Begriff der klassischen Regimetheorie und der Begriff der hydraulischen Geometrie werden dabei unter dem Oberbegriff „regimetheoretische Ansätze" zusammengefasst.

6.3 Ausgewählte regimetheoretische Ansätze

Aus den zahlreichen regimetheoretischen Ansätzen wird im Folgenden eine Auswahl von Ansätzen vorgestellt, die auf Naturbeobachtungen an Fließgewässern mit sandigen, kiesigen und grobkörnigen (kohäsionslosen) Sohl- und Ufersubstraten basieren. Der Vollständigkeit halber sei erwähnt, dass ebenfalls regimetheoretische Ansätze zu tonigen, lehmhaltigen Böden in der Literatur zu finden sind [vgl. (Schumm 1960) und andere]. Diese lassen sich jedoch nicht auf die Gegebenheiten im Einzugsgebiet des betrachteten Gewässerabschnitts der Este anwenden. Die in diesem Bereich eiszeitlich abgelagerten Alluvialböden bestehen oberflächennah vornehmlich aus Sand, Kies und Geröll.

6.3.1 Ansatz nach Leopold et al.

Die regimetheoretischen Ansätze nach Leopold et al. gingen aus Untersuchungen in den 1950er Jahren hervor. Gemessene Abflüsse (hier: Mittlerer jährlicher Abfluss) zahlreicher Fließgewässer in den USA wurden in Beziehung zur Gewässerbreite und -tiefe sowie der Fließgeschwindigkeit gesetzt und die Korrelation bestimmt [vgl. (Leopold und Maddock 1953), (Leopold und Wolman 1957), (Leopold und Wolman 1960) und andere].

Ähnliche Untersuchungsergebnisse lieferten Naturbeobachtungen von Nixon an Kiesbettflüssen in Großbritannien. Im Gegensatz zum Ansatz von Leopold et al. wurde durch Nixon jedoch nicht der mittlere jährliche Abfluss, sondern der bordvolle Abfluss Q_{bv} [m³/s] als dominierender Parameter für die natürliche Gerinnegeometrie verwendet [vgl. (Nixon 1959) zitiert in (Hey und Thorne 1986)]. Die empirisch ermittelten Gesetzmäßigkeiten lauten wie folgt:

Gl. 6.1	$b_{bv} = 2{,}99 \times Q_{bv}^{0,5}$	Bordvolle Gerinnebreite [m]
Gl. 6.2	$h_{bv} = 0{,}55 \times Q_{bv}^{0,33}$	Bordvolle Gerinnetiefe [m]
	jeweils mit Q_{bv}:	einjähriger Hochwasserabfluss HQ_1 [m³/s]
Gl. 6.3	$c_F = \dfrac{b_{bv}}{h_{bv}}$	Formfaktor [-]
Gl. 6.4	$l_M = 17{,}2 \times b_{bv}$	Mäanderbogenlänge [m]
Gl. 6.5	$l_W = 12{,}34 \times b_{bv}$	Mäanderwellenlänge [m]
Gl. 6.6	$c_W = \dfrac{l_M}{l_W}$	Windungsfaktor [-]
Gl. 6.7	$I_{S,regime} = I_{Tal} \div c_W$	Regimegefälle [-]
Gl. 6.8	$I_{gr} = 0{,}012 \times Q_{bv}^{-0,44}$	Grenzgefälle [-]
	$I_{S,regime} \leq I_{gr}$	Mäandrierender Verlauf
	$I_{S,regime} < I_{gr}$	Verzweigter Verlauf

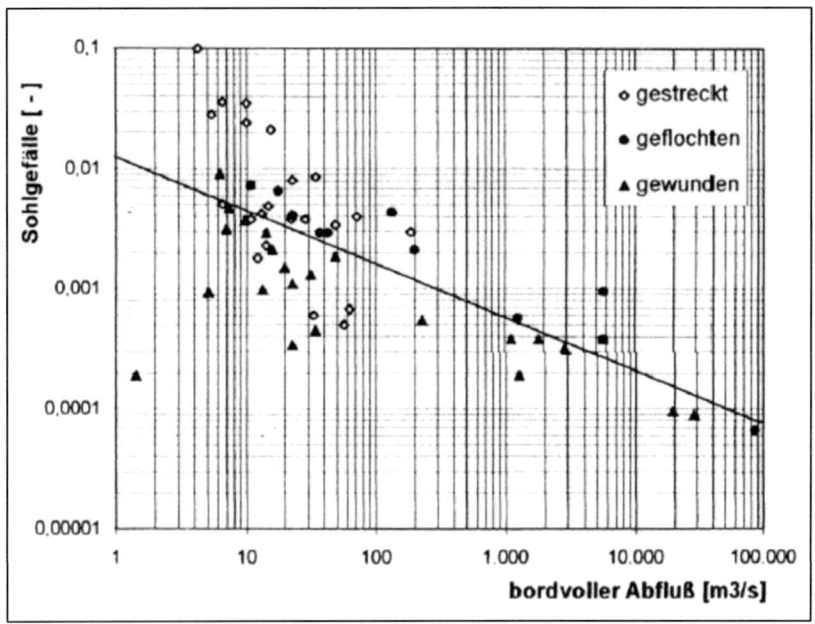

**Abbildung 6.1 Grenzgefälle nach Leopold et al.
(Leopold und Wolman 1957)**

Gl. 6.9 $\quad R_M = 2{,}6 \times b_{bv}^{1,01} \quad$ Mäanderradius [m]

Gl. 6.10 $\quad A_M = 3{,}0 \times b_{bv}^{1,01} \quad$ Mäanderamplitude [m]

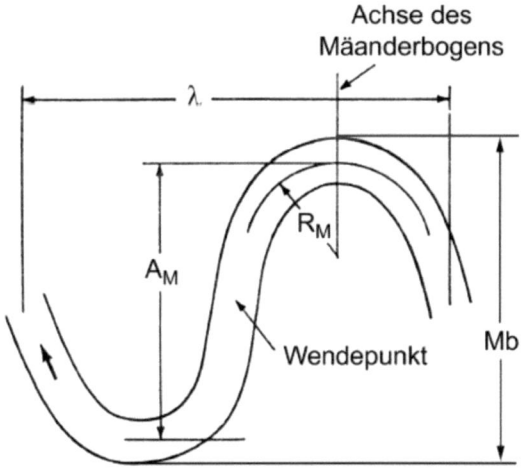

**Abbildung 6.2 Kennzeichnung der Laufform; λ = Mäanderwellenlänge l_W
(Harnischmacher 2002)**

6.3.2 Ansatz nach Kellerhals

Die regimetheoretischen Ansätze nach Kellerhals gingen aus Untersuchungen in den 1960er Jahren hervor (Kellerhals 1967). Die Naturbeobachtungen wurden an Kiesbettflüssen in den USA, Kanada und der Schweiz durchgeführt und lieferten ähnliche Ergebnisse im Hinblick auf die bordvolle Gerinnebreite und die bordvolle Gerinnetiefe wie die Untersuchungen von Leopold und Maddocks (1953), jedoch unter Erweiterung des Einflusses der Korngrößenzusammensetzung im Sohlbettmaterial (Harnischmacher 2002). Die empirisch ermittelten Gesetzmäßigkeiten lauten wie folgt [vgl. (Pasche 2008), (Heins 2011) und andere]:

Gl. 6.11 $\quad b_{bv} = 2{,}465 \times Q_{bv}^{0,5}$ Bordvolle Gerinnebreite [m]

Gl. 6.12 $\quad h_{bv} = 0{,}183 \times Q_{bv}^{0,4} \times d_{90}^{-0,12}$ Bordvolle Gerinnetiefe [m]

jeweils mit Q_{bv}: einjähriger Hochwasserabfluss HQ_1 [m³/s]

und d_{90}: 90%-Perzentil zur Korngrößenverteilung des Sohlsediments [m]

Gl. 6.13 $\quad c_W = 3{,}5 \times c_F^{-0,27}$ Windungsfaktor [-]

Für die Mäanderwellen- und -bogenlänge ergibt sich (Zeller 1967):

Gl. 6.14 $\quad l_W = 10 \times b_{bv}^{1,025}$ Mäanderwellenlänge [m]

Gl. 6.15 $\quad l_M = c_W \times l_W$ Mäanderbogenlänge [m]

Das Regimegefälle wird über das Verhältnis des vorhandenen Talgefälles zum ermittelten Windungsfaktor berechnet:

Gl. 6.16 $\quad I_{S,regime} = I_{Tal} \div c_W$ Regimegefälle [-]

Zum Vergleich des Regimegefälles zum Grenzgefälle werden zwei Ansätze des Grenzgefälles betrachtet [vgl. (Pasche 2008) und (Scherle 1998)]:

Gl. 6.17 $\quad I_{gr,Hen} = 0{,}5783 \times Q_{bv}^{-0,46} \times d_{50}^{1,15}$ (Grenzgefälle nach Henderson)

Gl. 6.18 $\quad I_{gr,Cha} = 0{,}00085 \times Q_{bv}^{-0,21}$ (Grenzgefälle nach Charlton)

6.3.3 Ansatz nach Bray

Die regimetheoretischen Ansätze nach Bray gingen beispielsweise aus Untersuchungen an 70 Flüssen in Alberta (Kanada) mit größtenteils kiesigem Sohlsediment hervor. Im Gegensatz zu den Ansätzen von Kellerhals wird als dominierender Abfluss der zweijährige Hochwasserabfluss und als unabhängige Variable der Median der Korngrößenverteilung des Sohlsubstrats berücksichtigt [vgl. (Bray 1982),

(Harnischmacher 2002) und (Czickus 2011)]. Die empirisch ermittelten Gesetzmäßigkeiten lauten wie folgt:

Gl. 6.19 $\quad b_{bv} = 1{,}83 \times Q_{bv}^{0,521} \times d_{50}^{-0,07}$ $\quad$ Bordvolle Gerinnebreite [m]

Gl. 6.20 $\quad h_{bv} = 0{,}32 \times Q_{bv}^{0,331} \times d_{50}^{-0,025}$ $\quad$ Bordvolle Gerinnetiefe [m]

jeweils mit Q_{bv}: $\quad$ zweijähriger Hochwasserabfluss HQ_2 [m³/s]

und d_{50}: $\quad$ Median zur Korngrößenverteilung des Sohlsediments [m]

6.3.4 Ansatz nach Yalin & da Silva

Die regimetheoretischen Ansätze von Yalin und da Silva gehen auf im Jahr 2001 veröffentlichte Untersuchungsergebnisse zurück (Yalin und da Silva 2001). Einen Überblick über die Studien von Yalin und da Silva gibt die Bachelorarbeit von Heins an der TU Hamburg-Harburg zur Renaturierung der Este zwischen Emmen und Buxtehude [s. (Heins 2011)]: Ein Fließgewässer akzeptiert kein gegebenes Flussbett, sondern schafft sich viel mehr selbst ein ideales und stabiles Bett. Dies wird durch das angestrebte Prinzip des Energieminimums der Morphodynamik begründet. Das natürliche, stabile, mittlere Sohlgefälle wird im Idealfall durch das errechnete Regimegefälle beschrieben. Ein sich selbst findendes und somit stabiles Flussbett bedeutet nicht nur für die Fließgewässerökologie und die Lebensgemeinschaften im Fließgewässer den Idealzustand, sondern insbesondere auch für die Gewässerunterhaltung einen optimalen Zustand. Für ein stabiles Flussbett, in welchem die Morphodynamik im Gleichgewicht steht, kann die Gewässerunterhaltung auf ein Minimum reduziert werden [vgl. (Heins 2011) und (Yalin und da Silva 2001)].

Grundlegend muss für die Methode nach Yalin und da Silva ein breites Gerinne mit kohäsionslosem Bettmaterial und einem annähernd konstanten bordvollen Abfluss Q_{bv} vorliegen. Breit bedeutet, dass das Verhältnis zwischen Gewässerbreite zu Gewässertiefe > 10 ist (Yalin und da Silva 2001). An dieser Stelle findet sich ein erster Anhaltswert dafür, dass das Verfahren von Yalin und da Silva nicht auf den Gewässerabschnitt der Este zwischen Langeloh und Emmen angewendet werden kann, da aus den recherchierten historischen Zuständen bekannt ist, dass das Verhältnis zwischen Gerinnebreite zu Gerinnetiefe in seiner Größenordnung deutlich kleiner ausgeprägt war als der Faktor 10.

Für die Anwendung der regimetheoretischen Ansätze von Yalin und da Silva werden der bettbildende Abfluss Q_{bv}, das Talgefälle I_{Tal}, der Median zur Korngrößenverteilung des Sohlsediments d_{50} (entspricht d_m in Abbildung 6.3) und die Wichten des Sohlmaterials γ_S und des Wassers γ_W benötigt. Es handelt sich um ein iteratives Verfahren, dem ein umfangreiches Formelwerk zugrunde liegt.

Die Laufform kann nach der Methode von Yalin und da Silva aus den Verhältnissen von Regimebreite b_R zu Regimewassertiefe h_R und von Regimewassertiefe h_R zum

Median der Korngrößenverteilung d_{50} ermittelt werden. Sie kann direkt aus der Abbildung 6.3 abgelesen werden.

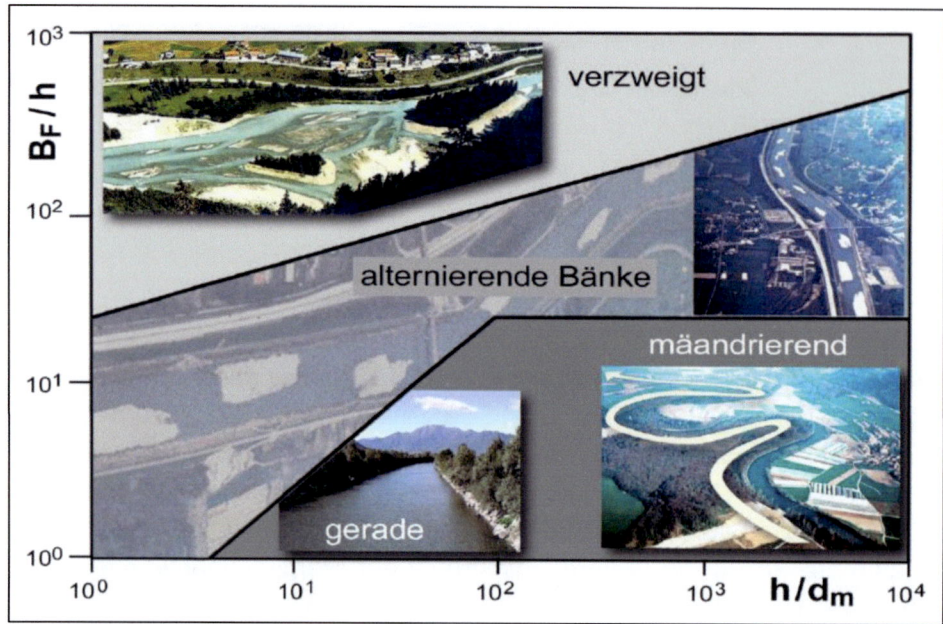

Abbildung 6.3 Abhängigkeit der relativen Flussbreite B_F/h (b_R/h_R) von der relativen mittleren relativen Wassertiefe h/d_m (h_R/d_{50}) (nach Yalin & da Silva, verändert durch (Marti und Bezzola 2004))

6.4 Morphologische Parameter nach Regimetheorie

Die morphologischen Parameter wurden entsprechend den Ansätzen der vorgenannten Autoren für die definierten sieben Streckenabschnitte ermittelt. Für die maßgebenden Hochwasserereignisse wurden die im Abschnitt 4.4.2.1 abgeleiteten Hochwasserabflüsse für jede der einzelnen Strecken 1 bis 7 berücksichtigt. Des Weiteren wurden vier Varianten unterschiedlicher Zusammensetzungen des Sohlmaterials für die Ansätze, denen eine Korngrößenverteilung zugrunde gelegt wird, untersucht. Die Variante 1 entspricht einer Korngrößenverteilung des transportierten Sediments aus dem Gutachten zur Sandführung nach Leßmann (1983), die weiteren drei Varianten sind Annahmen von kiesigen Sohlen, die reinen Vergleichszwecken dienen (siehe Abbildung 6.4).

Die Regimetheorie

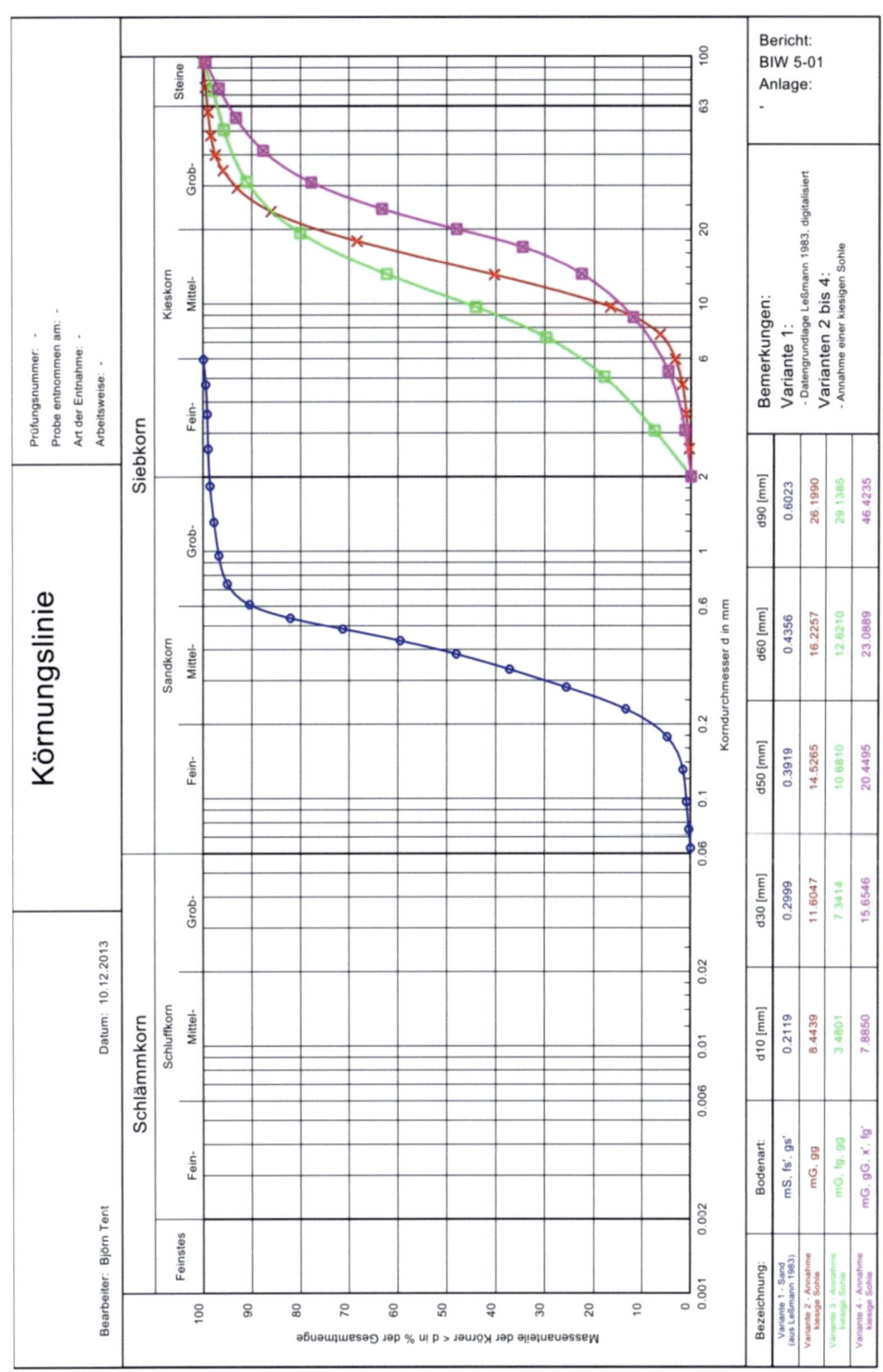

Abbildung 6.4 Untersuchte Varianten von Körnungslinien

6.4.1 Windungsfaktoren und Laufkrümmungen

Die nach den vier Autoren untersuchten Ansätze der Regimetheorie liefern die in Abbildung 6.5 dargestellten Mittelwerte der Windungsfaktoren.

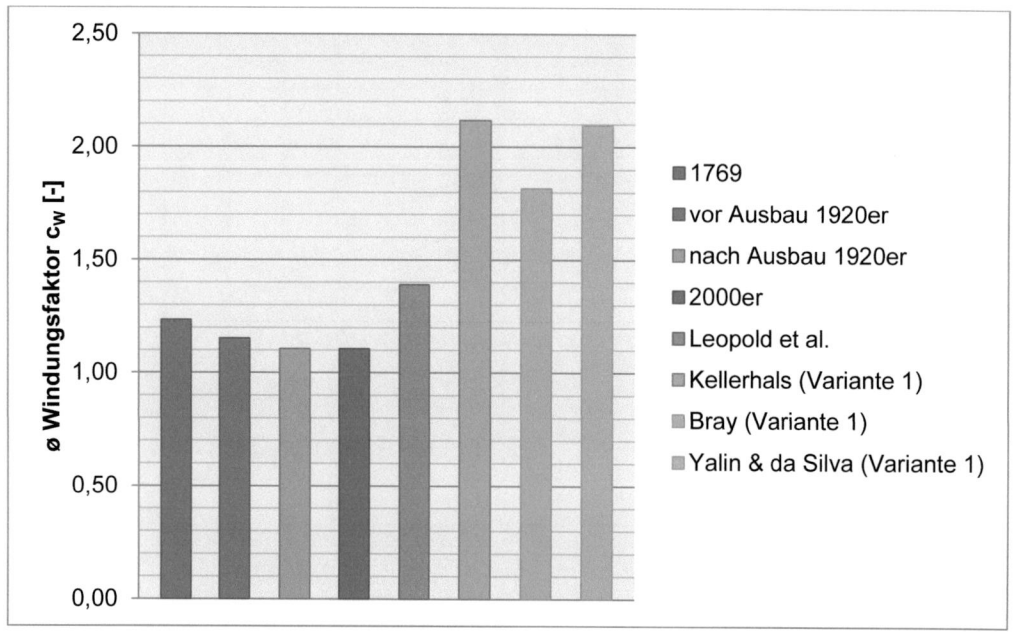

Abbildung 6.5 Vergleich der Mittelwerte der Windungsfaktoren c_W der einzelnen Autoren

Nach dem Ansatz von Leopold et al. müsste die Este einen gewundenen Verlauf aufweisen. Nach den weiteren drei Ansätzen verliefe die Este mäandrierend bis stark mäandrierend.

6.4.2 Bordvolle Breite, bordvolle Wassertiefe und Formfaktoren

Die nach den vier Autoren untersuchten Ansätze der Regimetheorie liefern die in Abbildung 6.6 dargestellten Mittelwerte der bordvollen Breite und die in Abbildung 6.7 dargestellten Mittelwerte der bordvollen Wassertiefe.

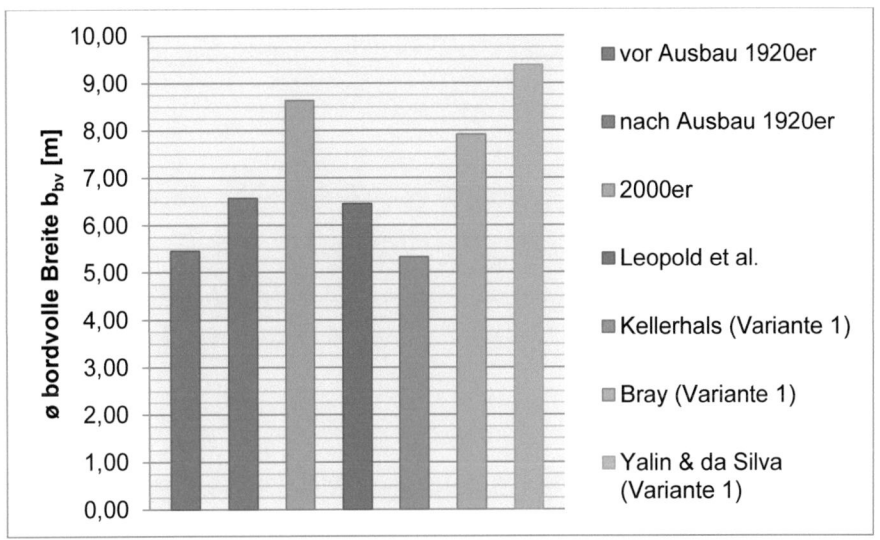

Abbildung 6.6 Vergleich der Mittelwerte der bordvollen Breite b_{bv} der einzelnen Autoren

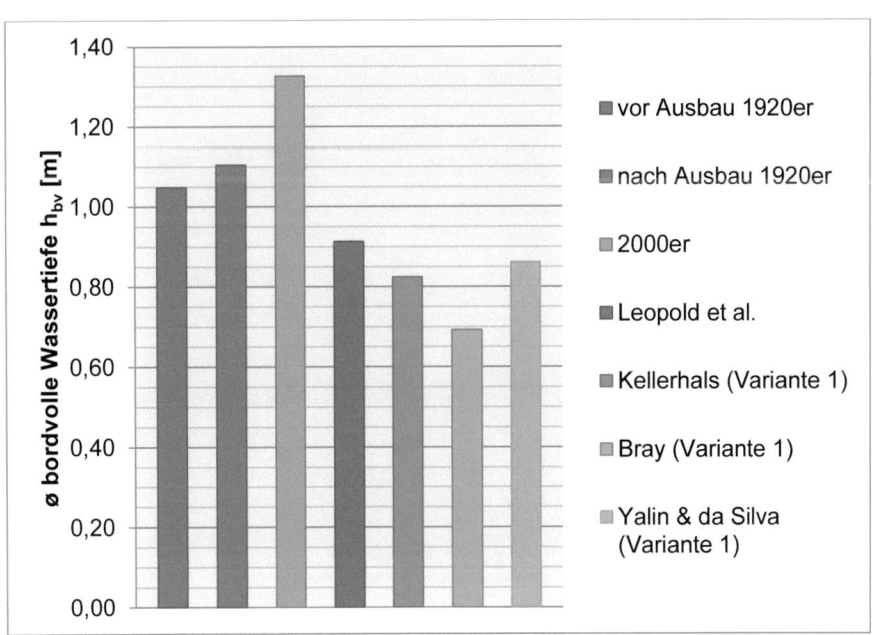

Abbildung 6.7 Vergleich der Mittelwerte der bordvollen Wassertiefe h_{bv} der einzelnen Autoren

Die ermittelten Formfaktoren sind der Abbildung 6.8 zu entnehmen.

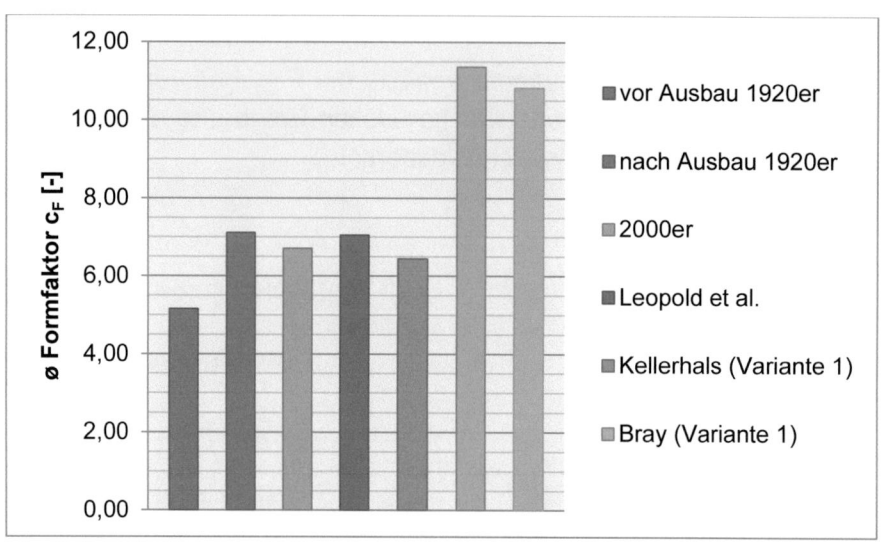

Abbildung 6.8 Vergleich der Mittelwerte der Formfaktoren c_F der einzelnen Autoren

6.4.3 Sohlgefälle

Die nach Regimetheorie ermittelten zugehörigen Mittelwerte der Sohlgefälle sind in Abbildung 6.9 zusammengestellt.

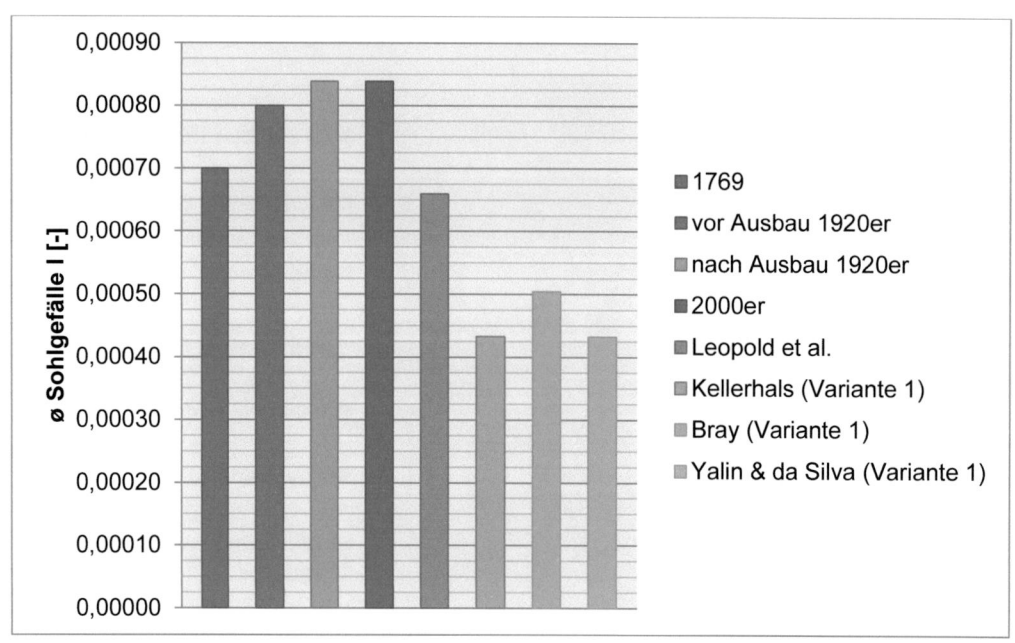

Abbildung 6.9 Vergleich der Mittelwerte der Sohlgefälle I der einzelnen Autoren

6.5 Vergleich der ermittelten Zustände mit denen der Regimetheorie

Der Vergleich zwischen den heutigen, historischen und regimetheoretischen Parametern der einzelnen Autoren zeigt, dass der Ansatz nach Leopold et al. hinsichtlich der regimetheoretischen Parameter gute Ergebnisse im Vergleich zu den recherchierten Parametern der historischen Zustände vor den Ausbaumaßnahmen der 1920er Jahre und dem Zustand von 1769 liefert. Sowohl bordvolle Breite, bordvolle Wassertiefe, Form- und Windungsfaktoren sowie das Sohlgefälle liegen relativ dicht an den bekannten historischen Zuständen, die als annähernd naturnah für den betrachteten Gewässerabschnitt der Este beschrieben werden können (Abbildung 6.5 bis Abbildung 6.9).

Von den Ansätzen, denen die Betrachtung der Kornverteilung des Sohlmaterials zugrunde gelegt wird, liefert lediglich der Ansatz von Kellerhals hinsichtlich bordvoller Breite und bordvoller Wassertiefe und folglich im Hinblick auf den Formfaktor befriedigende Ergebnisse. Die weiteren nach Kellerhals ermittelten Parameter sowie sämtliche Parameter der weiteren untersuchten Ansätze liefern im Vergleich zu den bekannten historischen Parametern keine Ergebnisse, die eine Anwendung dieser Ansätze auf den betrachteten Gewässerabschnitt als zulässig erscheinen lassen.

Die ermittelten durchschnittlichen Form- und Windungsfaktoren nach Bray und Yalin & da Silva liegen beispielsweise in einer um den Faktor 2 höheren Größenordnung zu den bekannten historischen Parametern. Die ermittelten durchschnittlichen Sohlgefälle nach Kellerhals, Bray und Yalin & da Silva liegen entsprechend in einer ca. halb so kleinen Größenordnung zu den bekannten historischen Sohlgefällen. Im Vergleich zu den historischen Zuständen liefern diese Ansätze zu breite Querprofile und zu flache Längsprofile für den untersuchten Abschnitt der Este.

6.6 Schlussfolgerungen

Die in den vorigen Abschnitten dargestellten Ergebnisse und die vergleichenden Betrachtungen des Abschnitts 0 zeigen, dass der regimetheoretische Ansatz von Leopold et al. eine gute Übereinstimmung zu den bekannten historischen und damit naturnäheren Zuständen im Hinblick auf die charakteristischen morphologischen Parameter (Windungsfaktoren, Laufkrümmungen, bordvolle Breite und Wassertiefe sowie Sohlgefälle) liefert.

Um einen stabileren Zustand der Este herzustellen, sind folglich morphologische Veränderungen erforderlich, die die Charakteristik der Este in ihrem Verlauf und ihrer hydraulischen Geometrie in einen naturnäheren Zustand zurückführen.

Mögliche Maßnahmen, die gleichzeitig die Gewässerstrukturgüte der Este verbessern, sind im Abschnitt 7 zu finden. Ausgewählte Maßnahmen und die Prognose ihrer Auswirkungen auf die hydraulische Charakteristik der Este folgen im Abschnitt 8.

7 Mögliche Verbesserungsmaßnahmen im und am Gewässer

An dieser Stelle sei darauf hingewiesen, dass die erforderlichen Verbesserungsmaßnahmen der Gewässerstrukturgüte durch die Aufwertung der Ökologie in erster Linie den Gewässerorganismen, sprich den „Gewässerbewohnern", dienen sollen.

Ein lebendiges Fließgewässer, exemplarisch in der Abbildung 7.1 für die Forellenregion dargestellt, ist das Ziel. Zwar ist die Abbildung dem Mittelgebirge nachempfunden, die Bäche auf Moräne im Norddeutschen Tiefland wiesen aber sicherlich eine ähnliche Morphologie auf. Das Steinspektrum aus Kiesgruben und Lesesteinhaufen auf herbstlichen Kartoffeläckern zeigt das.

Abbildung 7.1 Die Forellenregion
(© Blinker, JAHR TOP SPECIAL VERLAG GMBH & Co. KG, Hamburg; Quelle: http://www.blinker.de/download/files/01_forellenregion.jpg)

Es gibt seit 1999 einen Gewässerentwicklungsplan für die Este [in (Planungsgruppe Ökologie + Umwelt Nord 1999)]. Vor dessen fachlichem Hintergrund sind seit den 1980ern begonnene Strukturverbesserungen intensiviert worden (Tent 2005).

Im Zeitalter der Wasserrahmenrichtlinie sind diese Maßnahmenpakete in vielen Handbüchern und Leitfäden von Ministerien und Behörden zu finden [vgl. (LfW RP 2003), (UBA 2004), (NLWKN 2008) und (MUNLV NRW 2010)].

Eine Auswahl dieser Maßnahmenpakete wird in den Folgeabschnitten vorgestellt.

7.1 Maßnahmen zur Förderung der eigendynamischen Entwicklung

Um einem begradigten Fließgewässer wieder zu einem gewundenen Krümmungsverlauf zu verhelfen, können Maßnahmen zur Förderung der eigendynamischen Entwicklung durchgeführt werden, wie beispielsweise durch Zugabe von grobem Kornmaterial (Tent 2002):

- Mittelkies   8-16 mm   25 %
- Mittel- bis Grobkies   16-32 mm   50 %
- Grobkies, Geröll   32-64 mm   25 %
- Störsteine   > 200 mm   zusätzlich

Diese Maßnahmen können beispielsweise durch wechselseitiges Einbringen von Kiesschüttungen in den Uferbereichen zur Reduzierung des Fließquerschnitts und zur Lenkung der Strömung und gezielten Förderung von Erosionsprozessen an den jeweils gegenüber liegenden Ufern umgesetzt werden, s. Abbildung 7.2. Auch der Einbau von Totholzstrukturen führt zu diesen gewünschten Effekten, Abbildung 7.3.

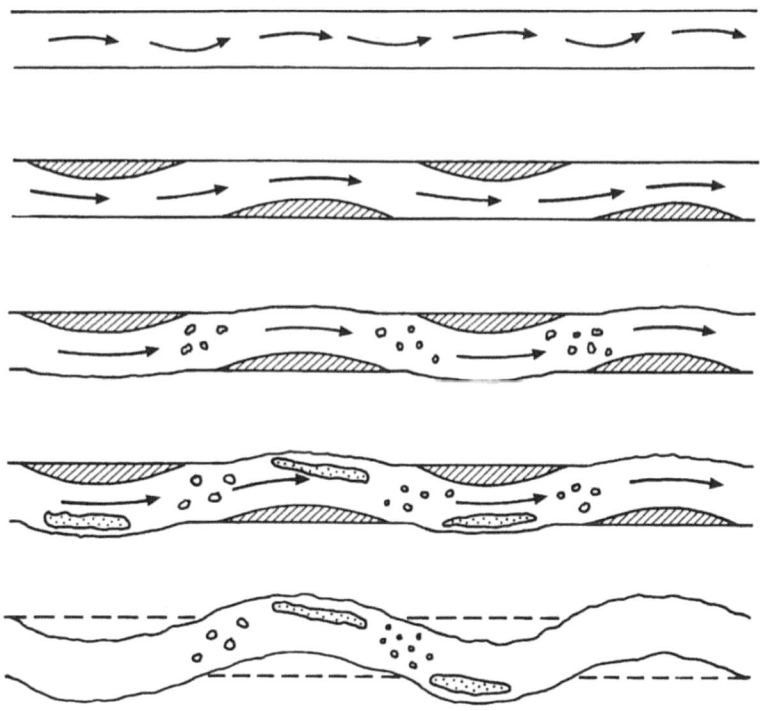

Abbildung 7.2 Seiteneinengungen zur Förderung eigendynamischer Entwicklung aus (Madsen und Tent 2000)

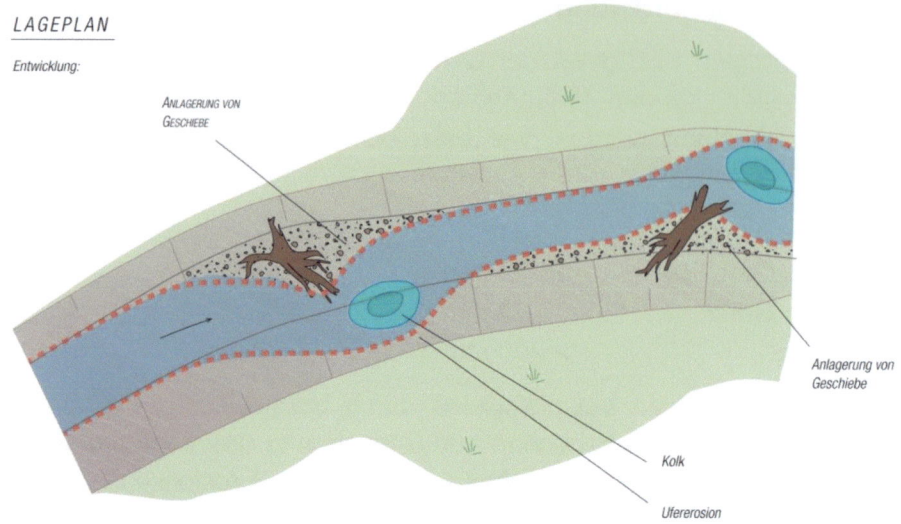

Abbildung 7.3 Einbau von Totholz führt zu eigendynamischer Entwicklung aus (LfW RP 2003)

Der Zielzustand von kleinen Gewässern nach eigendynamischer Entwicklung mit Breiten- und Tiefenvarianz sowie standorttypischem Gehölzsaum im Entwicklungskorridor ist in Abbildung 7.4 dargestellt.

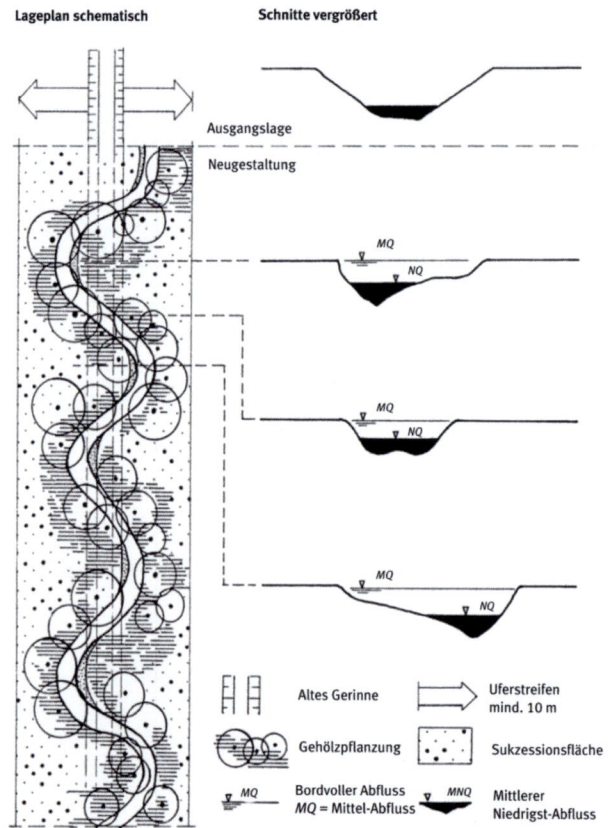

Abbildung 7.4 Grundsätze für die Neugestaltung kleiner Gewässer (DWA 2013)

7.2 Maßnahmen zur Verbesserung der Sohlstrukturen

Zur Verbesserung der Sohlstrukturen der kiesgeprägten Tieflandgewässer, zu denen auch die Este zählt, können Kiesstrecken/-bänke in das Gewässerbett eingebaut werden. Ziel ist es, die ursprünglich vorhandene große bis sehr große Vielfalt in der Sohlsubstratverteilung mit einer relativ stabilen Sohle wiederherzustellen.

In Kombination der in Abschnitt 7.1 genannten Maßnahmen zur Initiierung der eigendynamischen Entwicklung kann der Einbau von Kiesstrecken/-bänken beispielsweise zwischen den gewünschten neuen Mäandern in der Kolk-Rausche-Abfolge (Abbildung 7.5) erfolgen. Im Längsprofil des Fließgewässers wechseln sich dann entsprechend dem natürlichen Zustand tiefe Kolke und flache Kiesbänke (Rauschen) bei großer bis sehr großer Breiten- und Tiefenvarianz sowie Strömungsvielfalt und Turbulenz ab.

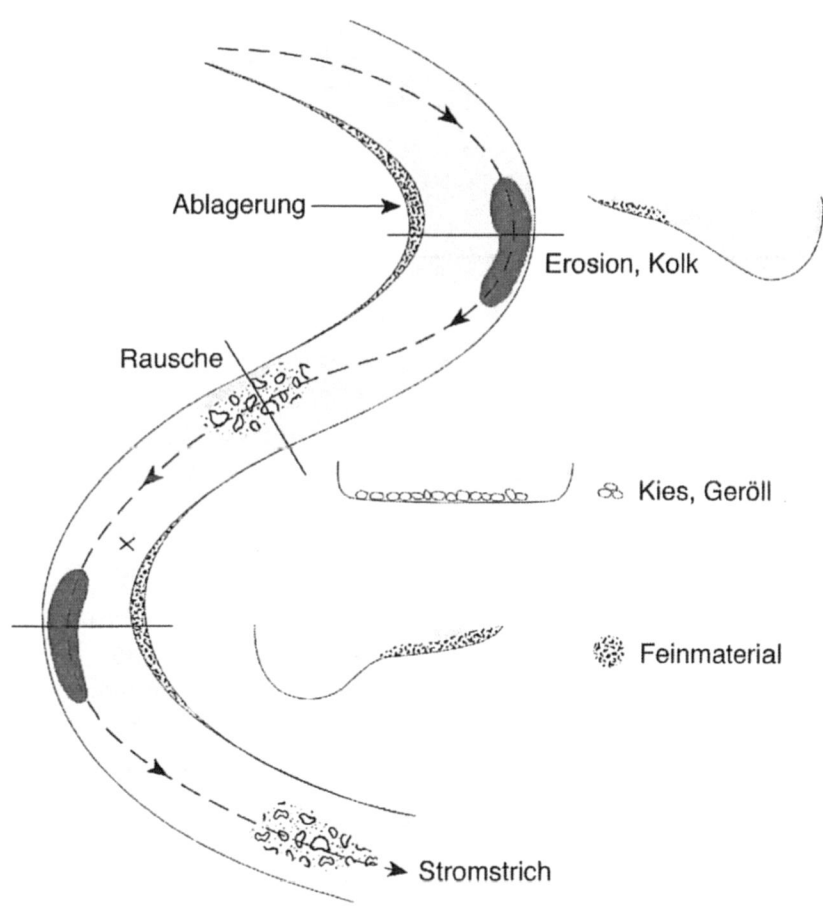

Abbildung 7.5 Natürliche Kolk-Rausche-Abfolge aus (Madsen und Tent 2000)

7.3 Maßnahmen zur Reduzierung hoher Wassertemperaturen und Temperatursprünge durch die Entwicklung standorttypischer Gehölze an Flüssen

In vielen Bachläufen und Flüssen sind die Fische zu hohen Wassertemperaturen und täglichen Temperatursprüngen des Wassers ausgesetzt. Im Wesentlichen betrifft dies tagtäglich im Sommer unbeschattete, baumlose Fließgewässerstrecken und die Temperaturdifferenzen der Tag-/Nachtwechsel (Baur 2013). Allein ein Grad Temperaturänderung bedeutet für einen Fisch eine Kompensationszeit des Temperaturstresses von 2,5 Tagen (Schreckenbach 2001). Bei unbeschatteten Fließgewässern, die der direkten Sonneneinstrahlung im Sommer ausgesetzt sind, kann sich die Wassertemperatur um einige °C an einem Tag erhöhen. 5 °C Temperaturdifferenz an einem Tag bedeuten beispielhaft 2 x 2,5 x 5 °C = 25 Tage Kompensationszeit. Aufgrund der tagtäglichen Wiederkehr dieser Temperaturwechsel und -sprünge im Sommer, womit zusätzlicher Temperaturstress für die Fische ausgelöst wird, lässt sich der Temperaturstress nicht kompensieren. Die Folge: Temperaturbedingte Selektion von Arten, die an kühles Wasser angepasst sind, und Verlust von Artenvielfalt in unseren heimischen Gewässern, insbesondere, wenn die Temperaturerhöhung sich der artbezogenen Maximaltemperatur nähert [vgl. (Baur 2013) und (Schreckenbach 2001)].

In Zeiten des Klimawandels und steigender Temperaturen ist folglich generell besonderes Augenmerk auf die Verringerung von Temperatursprüngen und Senkung der sommerlichen Wassertemperatur zu legen, um die daraus bedingte Artenselektion zu reduzieren.

Durch die Anpflanzung oder natürliche Sukzession standorttypischer Baumarten im Uferbereich und Umfeld der Este und auch ihrer Nebenbäche können diese Defizite im Hinblick auf die Wassertemperatur vermieden werden. Letztlich bewirkt dies der natürliche Kronenschluss der Gehölze über Bächen und kleinen Flüssen.

Das aus Großbritannien stammende Programm „Keeping Rivers Cool – Getting ready for climate change by creating riparian shade" der Environment Agency nimmt sich dieser Thematik an (EA 2011). Sinngemäß übersetzt mit „Die Flüsse kühl halten – Startklar für den Klimawandel durch Herstellen der Uferbeschattung" wird die Notwendigkeit der Beschattung unserer Fließgewässer in den Fokus gerückt, um steigenden Temperaturen durch den Klimawandel entgegen zu wirken und den Lebensraum Fluss nachhaltig zu erhalten.

Ein weiterer positiver Effekt von Uferbeschattung unserer Fließgewässer ist die Reduzierung von unnatürlich hoher Wasserpflanzenbiomasse. Exemplarisch ist diese Wirkung in der Abbildung 7.6 zu erkennen.

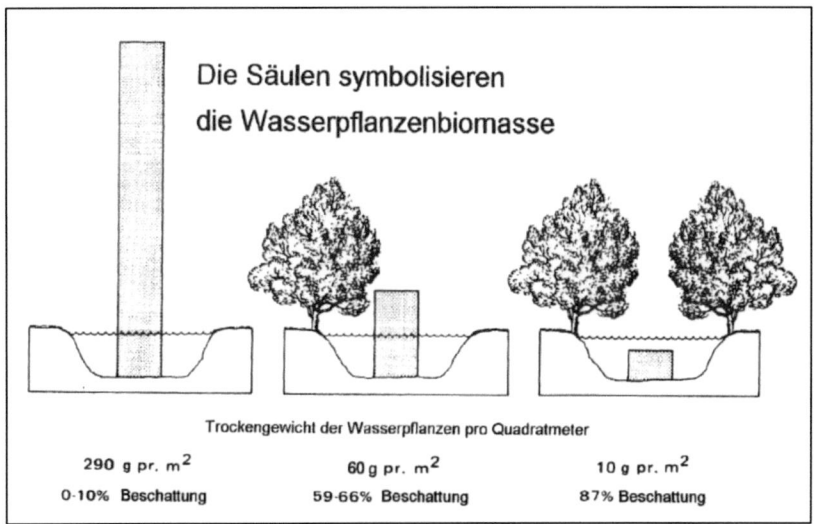

Abbildung 7.6 Einfluss der Beschattung auf die Wasserpflanzenbiomasse aus (Madsen und Tent 2000)

7.4 Maßnahmen zur Reduzierung der Feststoffeinträge und Sandfrachten

Um den Eintrag von Feststoffen und daraus resultierender unnatürlich hoher Sandfrachten im Gewässersystem zu reduzieren, können unter anderem

- (1) Sandfänge in Gräben, Nebenbächen oder im Gewässer selbst eingebaut werden oder
- (2) Gewässerrandstreifen mit standorttypischer Vegetation angelegt werden.

Die Maßnahme (1) zielt insbesondere darauf ab, überhöhte Sand- und Sedimentfrachten (Ursachen siehe Abschnitt 4.4.3.3) im verursachenden System zu halten und den Eintrag in die darunter liegenden Fließgewässerabschnitte abzupuffern.

Um die Beeinträchtigungen der Fließgewässer durch Sandeinträge aus Wassererosion von Ackerflächen und ungeschützten Böden zu reduzieren (siehe Abschnitt 4.4.3.2), wird die Maßnahme (2) angewendet.

In der Praxis wird angesichts der extremen Ist-Situation immer eine Kombination beider Maßnahmen erforderlich sein.

7.5 Herstellung der linearen Durchgängigkeit

Querbauwerke (z.B. Sohlabstürze und Wehre) stellen in Fließgewässern eine besondere Belastung dar (BMU 2010). Um die lineare Durchgängigkeit der standorttypischen Gewässerorganismen zu gewährleisten, sind im Bereich der Este zahlreiche Querbauwerke mit Absturzhöhen > 30 cm baulich umzugestalten. Allein im betrachteten Gewässerabschnitt zwischen den Pegeln Langeloh und Emmen sind zehn solcher Wanderhindernisse vorhanden, siehe Abbildung 4.43. Im Wesentlichen handelt es sich dabei um in den 1980er Jahren neu errichtete Sohlschwellen und Sohlabstürze im Bereich der Strecke 2 [gebaut nach (Leßmann 1983)].

Weitere, für alle Gewässerorganismen unüberwindbare Wanderhindernisse stellen das Wehr und der Damm mit Rohrdurchlass im Bereich des Bötersheimer Mühlenteichs dar. In der Abbildung 7.7 ist eine springende Meerforelle in der Laichsaison 2008/2009 beim Versuch, in den Rohrdurchlass zu springen und diesen zu durchqueren, zu erkennen. Hier besteht dringender Handlungsbedarf zur Beseitigung dieses Querbauwerks.

Abbildung 7.7 Strecke 3: Station 25,044 – Wehr Umlaufgraben, Wanderhindernis, im roten Kreis: Springende Meerforelle in der Laichsaison 2008/2009

Zur naturnahen Umgestaltung und Herstellung der linearen Durchgängigkeit sei an dieser Stelle unter anderem auf die Empfehlungen zum Bau von Sohlgleiten in Schleswig-Holstein (LANU SH 2005), das Handbuch Querbauwerke (MUNLV NRW 2005) und das Skript für die Vorlesung „Gewässerentwicklung" der TU Dresden (Stamm und Stoebenau 2012) verwiesen.

8 Entwicklung eines morphologischen Leitbildes

Exemplarisch für die definierten sieben Streckenabschnitte zwischen den Pegeln Langeloh und Emmen wurden für die beiden Streckenabschnitte Strecke 1 – Pegel Langeloh bis Bahnlinie HH-HB und Strecke 5 – Mühlenbach bis „Alte Burg" Maßnahmen zur Verbesserung der Gewässerstrukturgüte konzeptioniert. Ziel ist es, durch die Initiierung von eigendynamischen Prozessen einen stabileren, stärker gewundenen Krümmungsverlauf und ein stabileres Gewässerbett im Quer- und Längsprofil zu fördern. Dies ist schematisch für die Strecke 1 in Abbildung 8.1 dargestellt (dunkelblau: heutiger Verlauf, hellblau: naturnaher Verlauf).

Abbildung 8.1 Lageplanausschnitt Istzustand und Entwicklungsziel Strecke 1, (Kartenmaterial: Grafiken © 2014 DigitalGlobe, GeoBasis-DE/BKG, GeoContent, Landsat, Kartendaten © 2014 GeoBasis-DE/BKG (© 2009) – Google (bearbeitet)

Die eigendynamische Entwicklung wird dabei durch Seiteneinengungen aus Kiesschüttungen, die an beiden Uferseiten versetzt zueinander angeordnet werden, initiiert. Zwischen diesen Seiteneinengungen werden mittig Kiesbetten als Strukturelemente, die Mikroturbulenzen erzeugen und als Laichbett für die in der Este lebenden Salmoniden (lachsartige Fische wie Forellen und Äschen) dienen, eingebaut. Diese Kiesbetten übernehmen für das Entwicklungsziel gleichzeitig die Funktion der Rauschen in der Kolk-Rausche-Abfolge eines natürlichen Fließgewässers zwischen den jeweiligen Mäanderbögen, s. Abbildung 8.2.

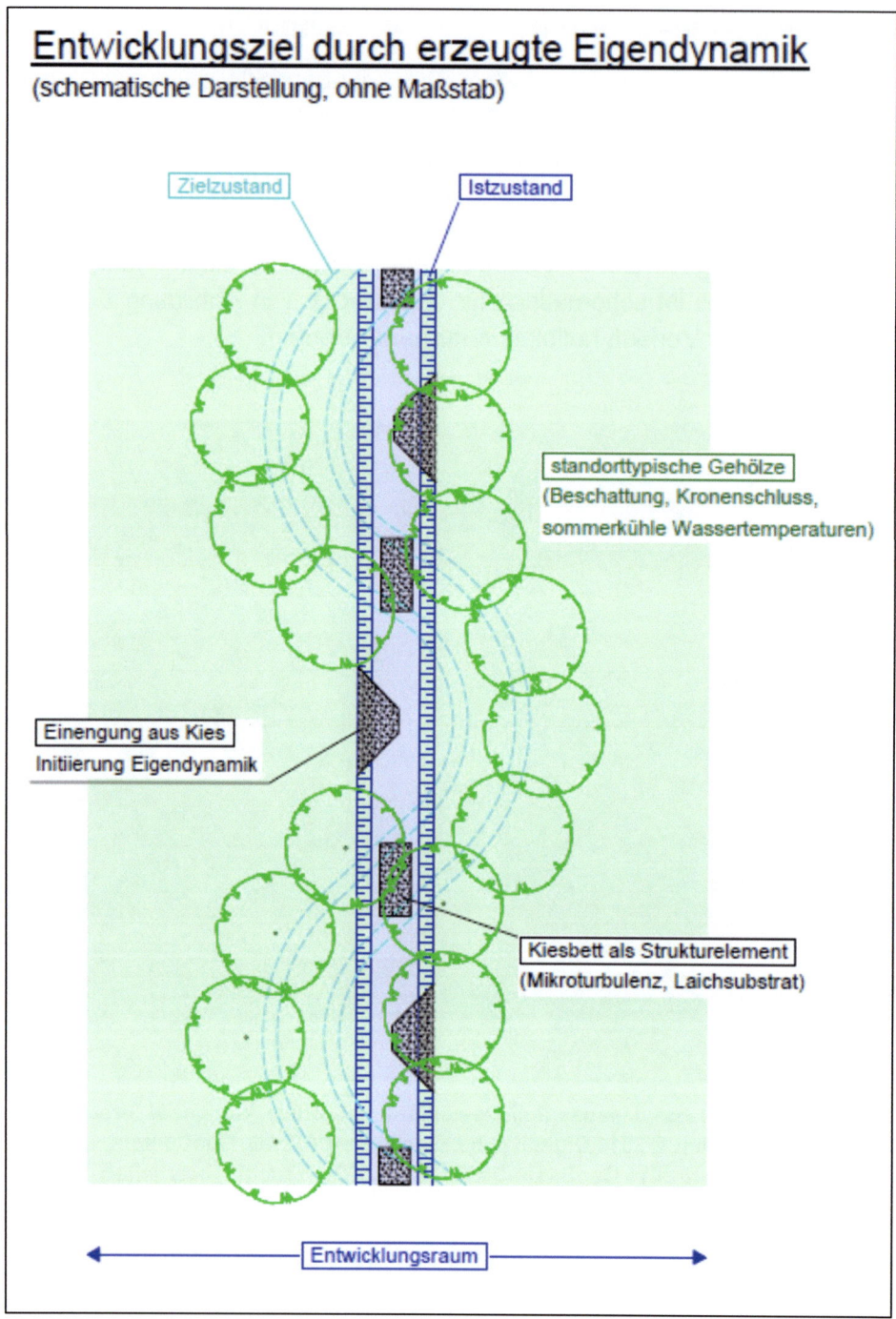

Abbildung 8.2 Entwicklungsziel durch erzeugte Eigendynamik

Der Verlauf vom Ausgangszustand eines monotonen, kanalisierten Gewässerbetts zum definierten Entwicklungsziel nach der Initiierung der Eigendynamik und der Förderung der natürlichen Breiten- und Tiefenvarianz sowie Strömungsdiversität und der Entwicklung eines standorttypischen Gehölzsaums ist in Abbildung 8.3 dargestellt.

Entwicklung eines morphologischen Leitbildes

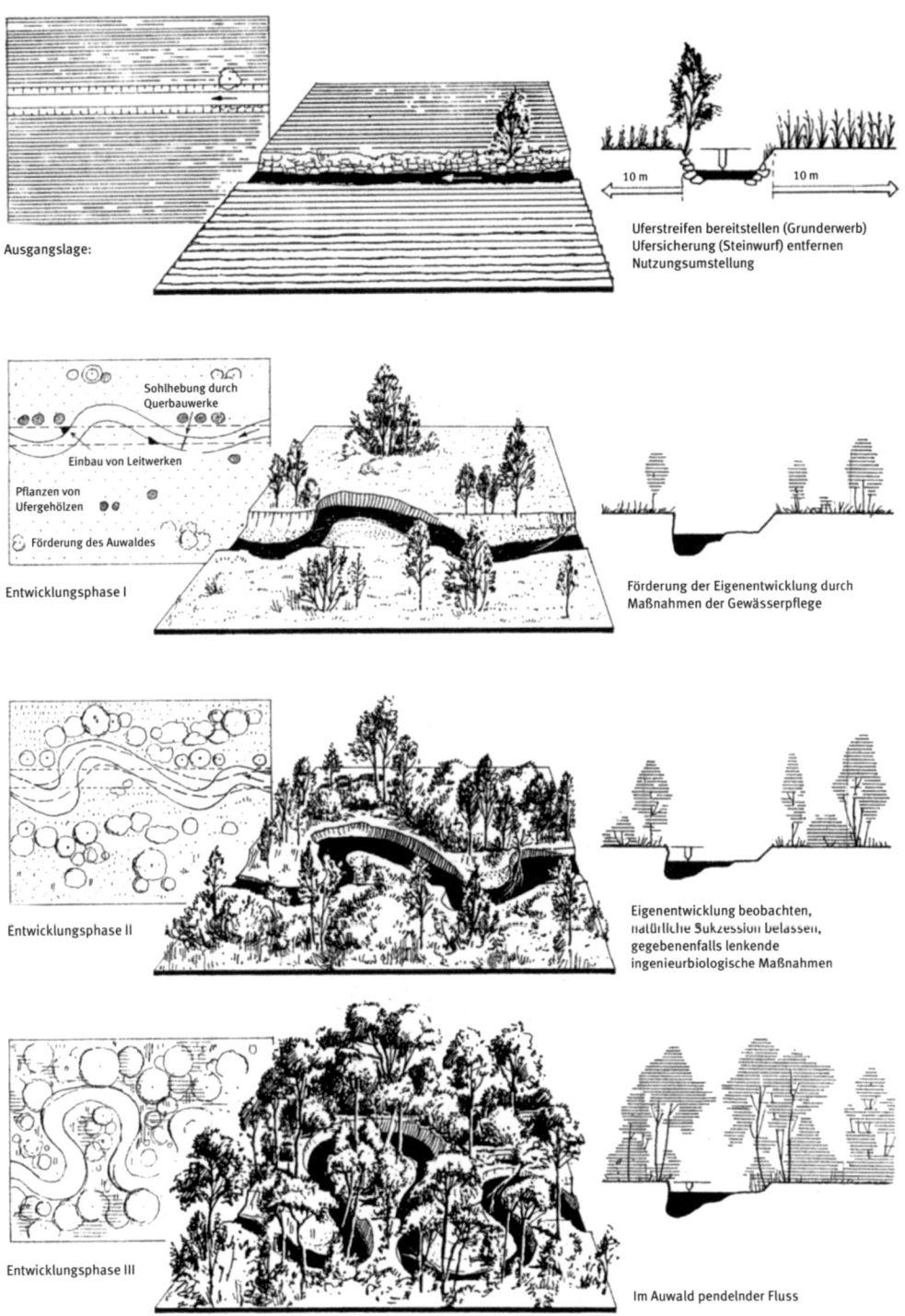

**Abbildung 8.3 Gewässerentwicklung
(DWA 2013)**

Dass Spielraum für den Einbau von Seiteneinengungen durch Kiesschüttungen und den Einbau von Kiesstrecken/-bänken in den vorhandenen Querprofilen vorhanden ist, zeigt die Vergleichsberechnung des heutigen Istzustands gegenüber dem genehmigten Ausbauprofil der 1920er Jahre, siehe Abbildung 8.4.

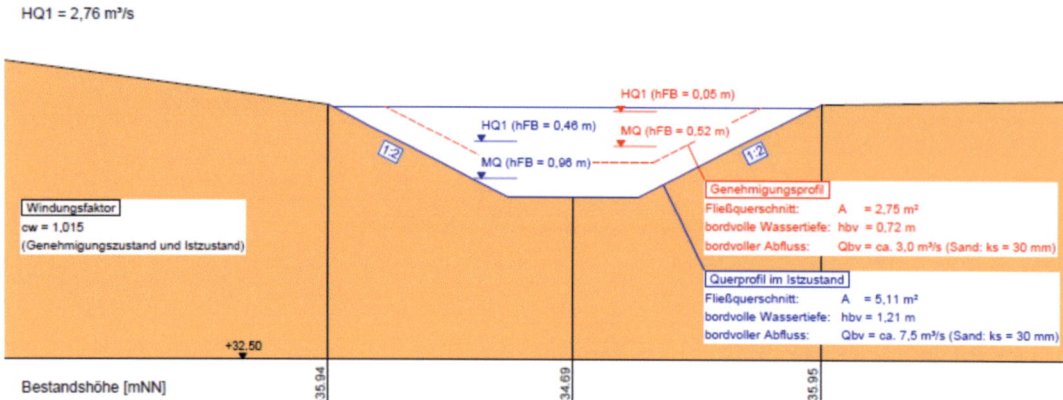

Abbildung 8.4 Vergleichsberechnung der Wasserspiegellagen des heutigen Zustands und des genehmigten Ausbauzustands der 1920er Jahre

Unter Zugrundelegung des Mittelwasserabflusses MQ und des einjährlichen Hochwasserereignisses HQ_1 unter Berücksichtigung der jeweils für die beiden Zustände gültigen hydraulischen Geometrien und Sohlgefälle zeigt sich, dass die Wasserspiegellagen des heutigen Zustands deutlich unter denen des genehmigten Ausbauprofils liegen (blau: heutiger Zustand, rot: Genehmigungsprofil 1920er Jahre).

Ähnliche Aussagen trifft Grabowsky (2007) nach Untersuchungen von Querprofilen der Heidenauer Aue. Durch die überdimensionierten Querprofile im Vergleich zu genehmigten Ausbauprofilen bleibt viel Raum, um Gutes im Hinblick auf Verbesserungen des Lebensraums zu tun, siehe Abbildung 8.5.

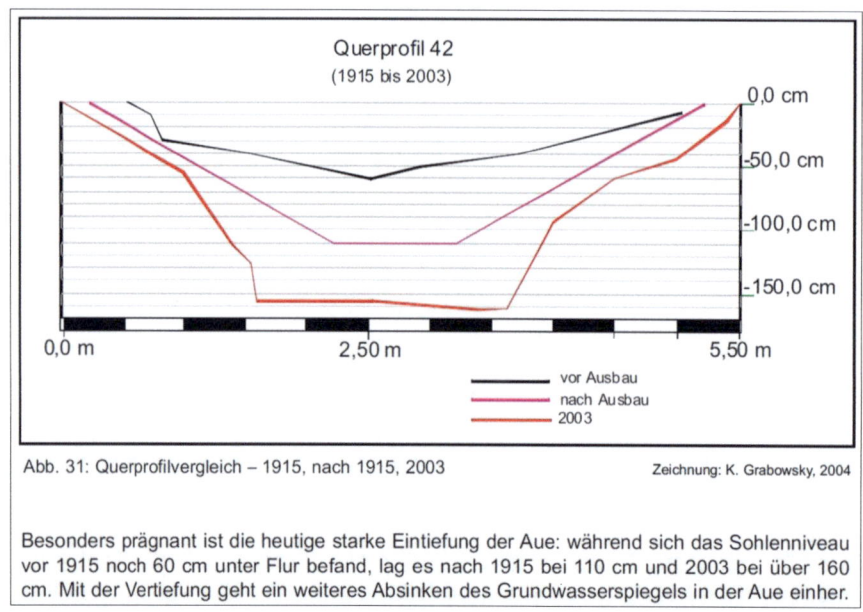

Abbildung 8.5 Querprofil der Heidenauer Aue in der zeitlichen Entwicklung (Grabowsky 2007)

8.1 Untersuchte Varianten

8.1.1 Phasen der eigendynamischen Gewässerentwicklung

Die konzeptionierten Maßnahmen zur eigendynamischen Entwicklung und Verbesserung der Sohlstrukturvielfalt wurden hinsichtlich ihrer Auswirkungen auf die hydraulischen Parameter

- Wasserstand,
- Fließgeschwindigkeit und
- Schubspannung

untersucht. Hierfür wurden vier Phasen jeweils unter Berücksichtigung des Mittelwasserabflusses MQ und des einjährlichen Hochwasserabflusses HQ_1 betrachtet:

- Phase 0: Istzustand 2000er Jahre,
- Phase 0: Genehmigungsprofil 1920er Jahre,
- Phase 1.a: Initialphase eigendynamischer Entwicklung mit Seiteneinengung,
- Phase 1.b: Initialphase eigendynamischer Entwicklung mit Kiessohle und
- Phase 2: Zielzustand nach eigendynamischer Entwicklung.

Die einzelnen Phasen sind exemplarisch für die Strecke 1 in Abbildung 8.6 bis Abbildung 8.9 dargestellt.

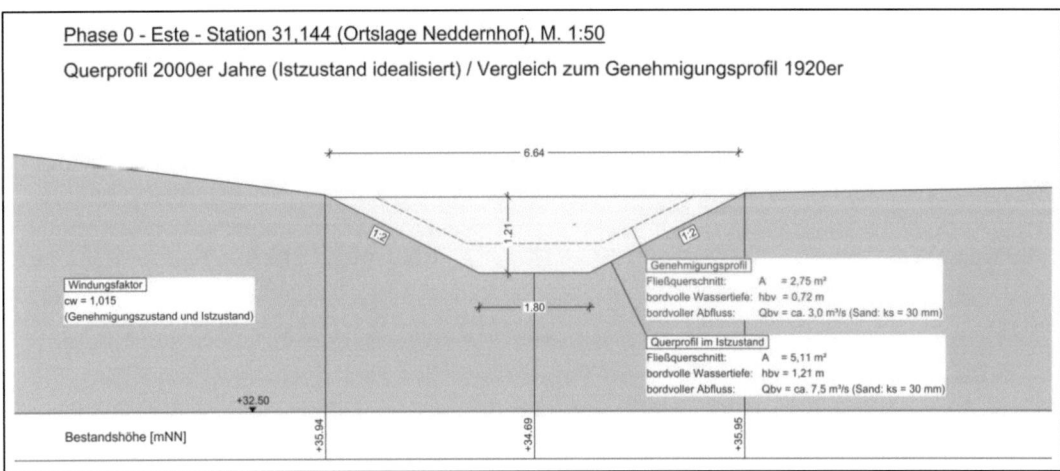

Abbildung 8.6 Phase 0: Istzustand 2000er Jahre / Genehmigungsprofil 1920er Jahre (ohne Maßstab)

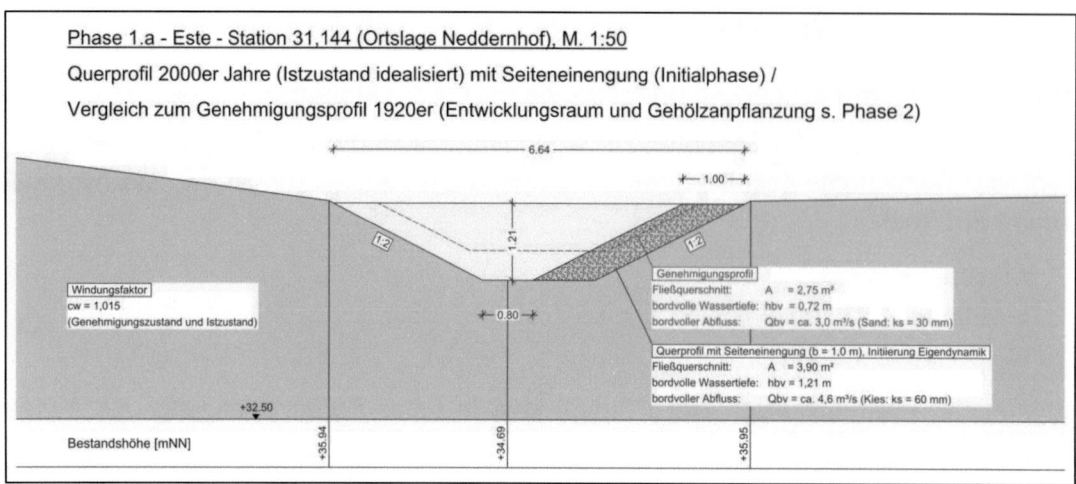

Abbildung 8.7 Phase 1.a: Initialphase Eigendynamik – Seiteneinengung (ohne Maßstab)

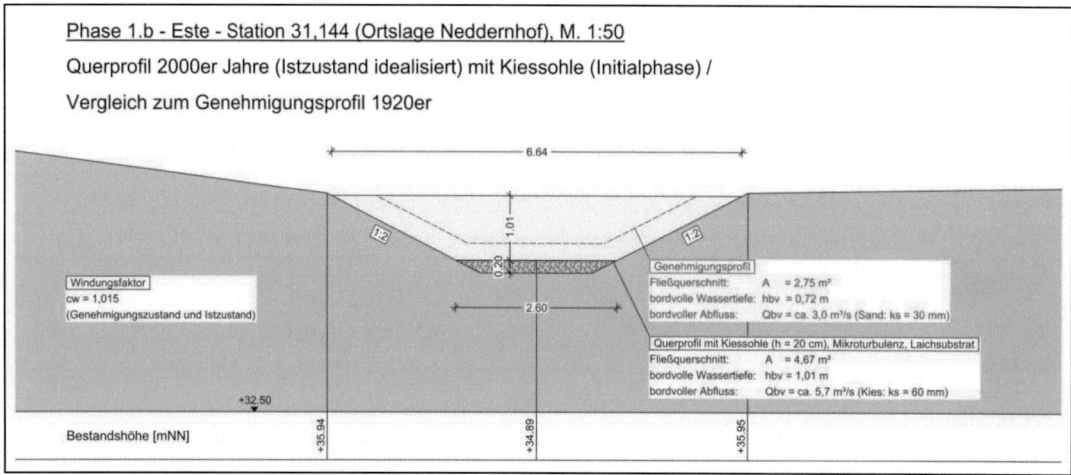

Abbildung 8.8 Phase 1.b: Initialphase Eigendynamik – Kiessohle / Laichbett (ohne Maßstab)

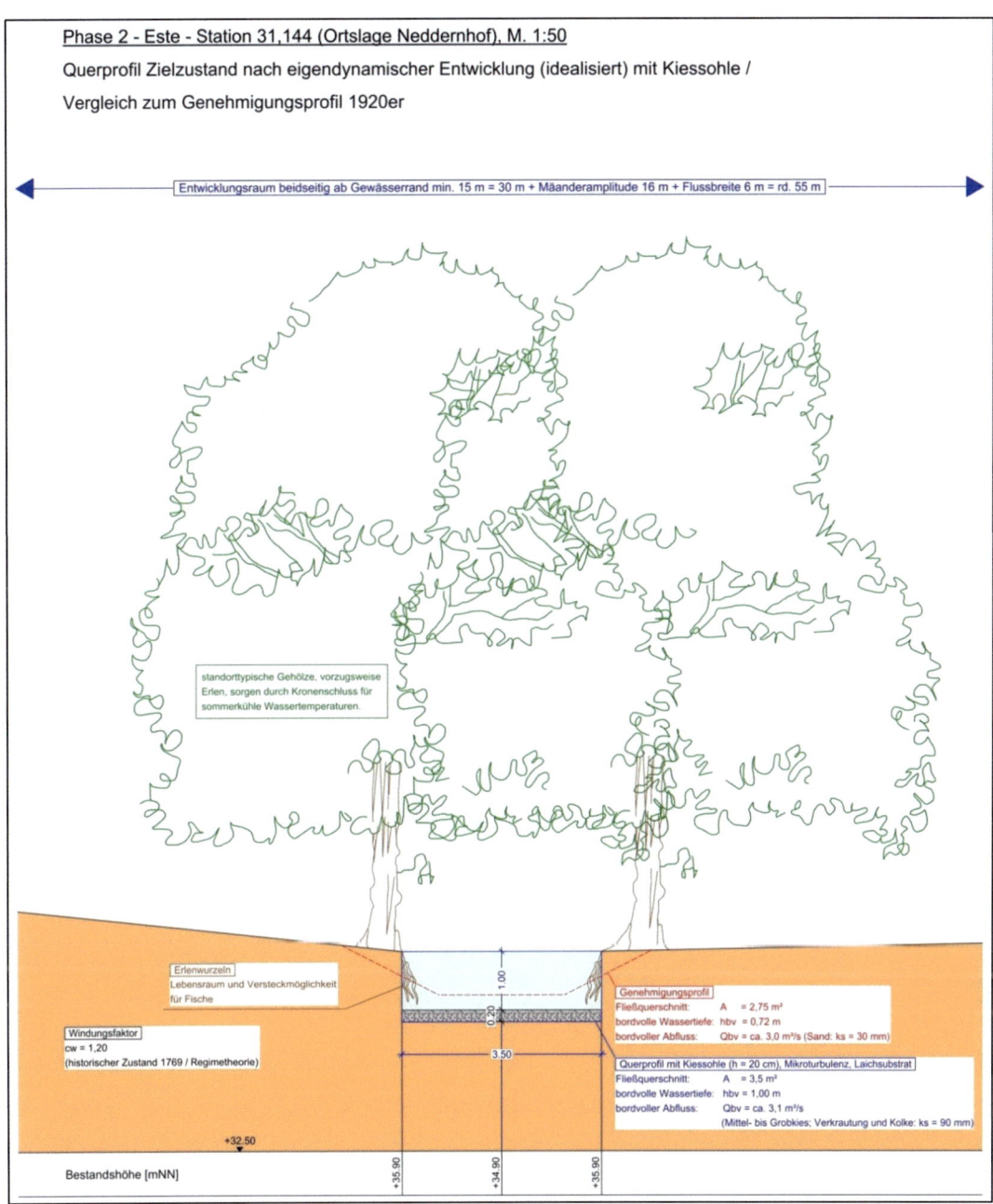

Abbildung 8.9 Phase 2: Zielzustand nach eigendynamischer Entwicklung (ohne Maßstab)

8.2 Vorgehen und Eingangsgrößen der hydraulischen Vergleichsbetrachtungen

8.2.1 Allgemeines

Für eine Prognose der Auswirkungen der geplanten Maßnahmen zur Verbesserung der Gewässerstrukturgüte und somit morphologischer Veränderungen auf die hydraulische Charakteristik (Wasserstand, Fließgeschwindigkeit, Schubspannung) des betrachteten Abschnitts wird auf die Methode nach Darcy-Weisbach zurückgegriffen. Dieser Ansatz ist wissenschaftlich fundiert und dimensionsecht aufgebaut [vgl. (Stamm, Carstensen, et al. 2009)]:

Fließgesetz nach Darcy-Weisbach (mittlere Geschwindigkeit)

Gl. 8.1 $\quad v_m = \frac{1}{\sqrt{\lambda}} \sqrt{8 \times g \times r_{hy} \times I}$ [m/s]

Mit Erdbeschleunigung $\quad g = 9{,}81$ [m/s²],

hydraulischem Radius   Gl. 8.2 $\quad r_{hyd} = \frac{Fließquerschnitt\ A}{benetzter\ Umfang\ l_U}$ [m]

in Abhängigkeit der Wassertiefe $\quad h$ [m]

und Gefälle $\quad I$ [-]

Der Widerstandsbeiwert λ wird nach dem Gesetz von Colebrook-White für turbulente Rohrströmungen ermittelt und für naturnahe Fließgewässer immer für den rauen Bereich bestimmt [vgl. (Stamm, Carstensen, et al. 2009), (BWK e.V. (Hrsg.) 2009) und andere]:

Widerstandsbeiwert nach Colebrook-White

Gl. 8.3 $\quad \lambda = \left(-2 \times \log\left(\frac{k_S}{14{,}84 \times r_{hyd}}\right)\right)^{-2}$ [-]

Mit äquivalenter Sandrauheit $\quad k_S$ [m]

Der Krümmungsverlust aus den jeweils ermittelten Windungsfaktoren c_W der einzelnen Varianten und Phasen wird in Form eines pauschalen Zuschlags des Darcy-Weisbach-Koeffizienten λ berücksichtigt [vgl. (BWK e.V. (Hrsg.) 2009)]:

Gl. 8.4 $\quad \lambda_{ges} = c_m \times \lambda$ [-]

Mit dem Korrekturparameter c_m in Abhängigkeit der relativen Laufverlängerung des Windungsfaktors c_W:

Bereich	Korrekturfaktor c_m für kompaktes Gerinne
$1{,}0 \leq c_W \leq 1{,}05$	$6{,}4\ s_m - 5{,}4$
$1{,}05 \leq c_W \leq 1{,}5$	$0{,}822\ s_m + 0{,}457$
$c_W > 1{,}5$	$1{,}69$

Tabelle 8.1 Korrekturfaktor cm für λ_{ges} in mäandrierenden Gewässern (BWK e.V. (Hrsg.) 2009)

Abfluss des Gerinnes

Gl. 8.5 $Q = A \times v_m$ [m³/s]

Wandschubspannung

Gl. 8.6 $\tau_0 = 10000 \times r_{hyd} \times I$ [N/m²]

8.2.2 Eingangsgrößen für die hydraulischen Vergleichsbetrachtungen

Die jeweiligen Eingangsgrößen für die hydraulischen Vergleichsbetrachtungen

- bordvolle Breite b_{bv},
- bordvolle Wassertiefe h_{bv},
- Windungsfaktor c_W und
- das Sohlgefälle I

sind an die bekannten historischen Parameter und die ermittelten Parameter nach Leopold et al. angelehnt und in den Abschnitten 8.2.2.1 und 8.2.2.2 zusammengestellt. Hinweis zu den Entwicklungszielen der beiden betrachteten Strecken: Die Zielzustände stellen jeweils eine mögliche zukünftige Variante dar und wurden in der hydraulischen Vergleichsberechnung beispielhaft mit teilweise schmalerer bordvoller Breite b_{bv}, größerer bordvoller Wassertiefe h_{bv} und größerem Windungsfaktor c_W gegenüber dem Zustand von 1769 nachgewiesen.

8.2.2.1 Strecke 1 – Pegel Langeloh bis Bahnlinie Hamburg-Bremen

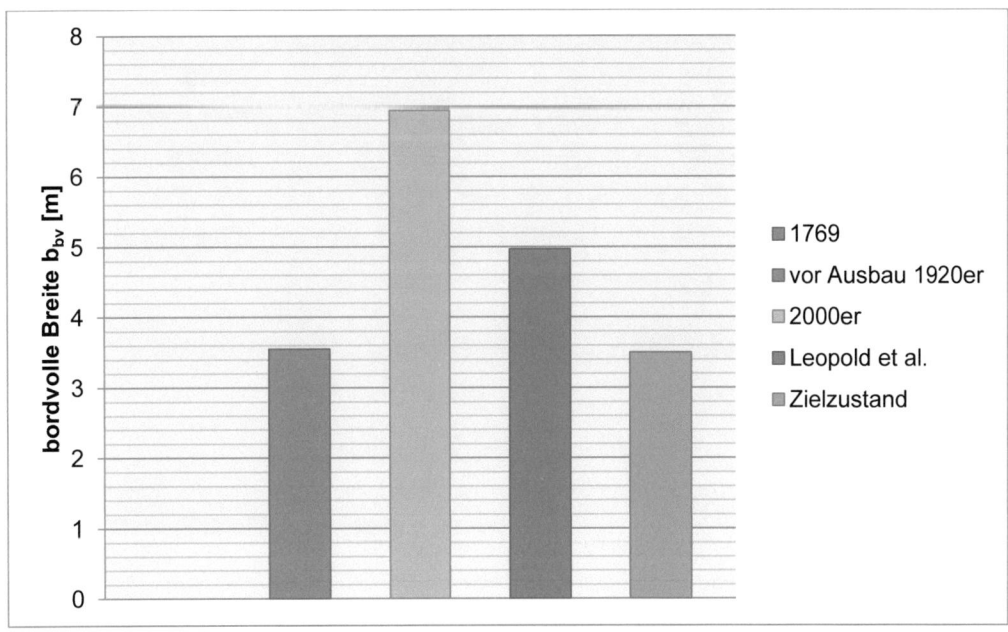

Abbildung 8.10 Historische und für den Zielzustand abgeleitete bordvolle Breite b_{bv}

Entwicklung eines morphologischen Leitbildes

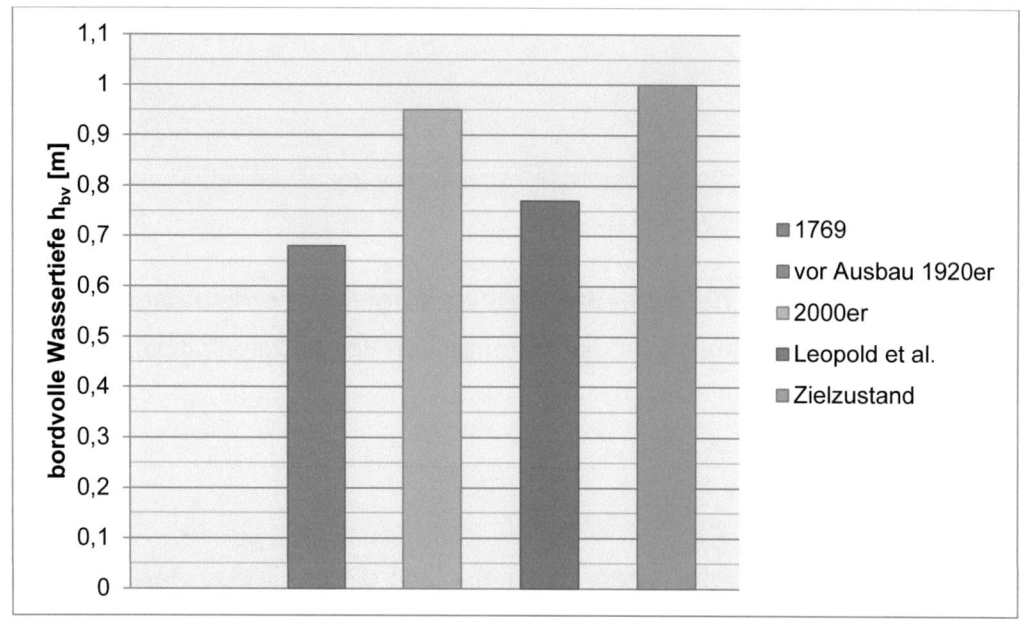

Abbildung 8.11 Historische und für den Zielzustand abgeleitete bordvolle Wassertiefe h_{bv}

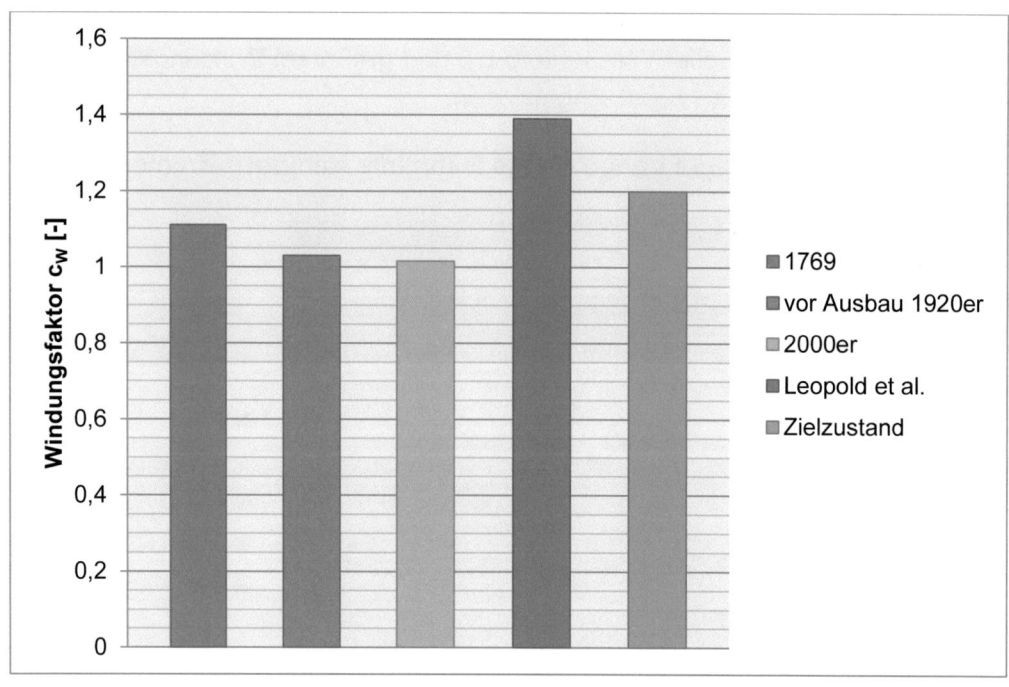

Abbildung 8.12 Historische und für den Zielzustand abgeleitete Windungsfaktoren c_W

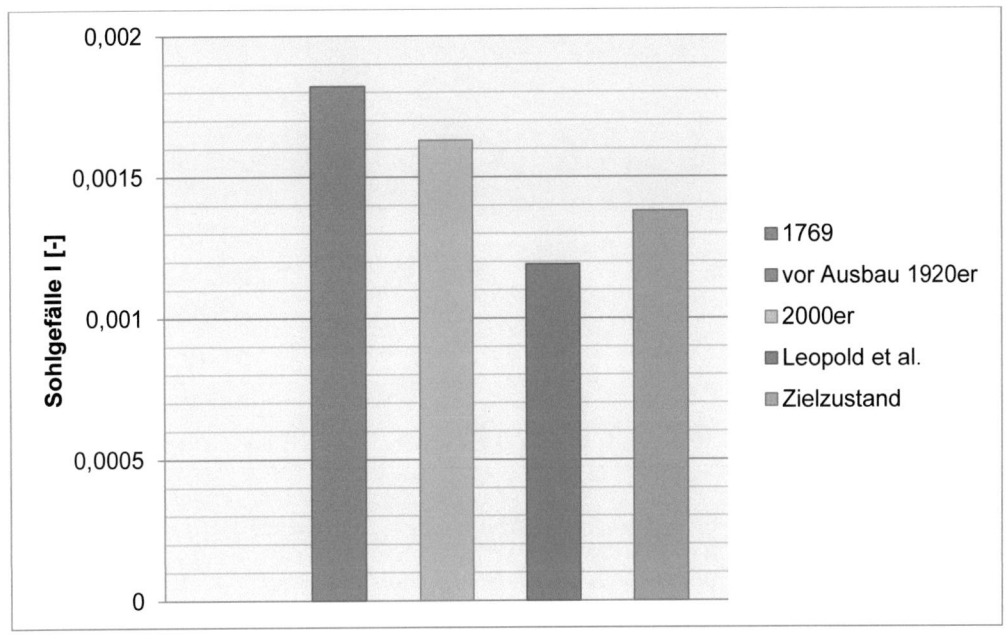

Abbildung 8.13 Historische und für den Zielzustand abgeleitete Sohlgefälle I

8.2.2.2 Strecke 5 – Mühlenbach bis „Alte Burg"

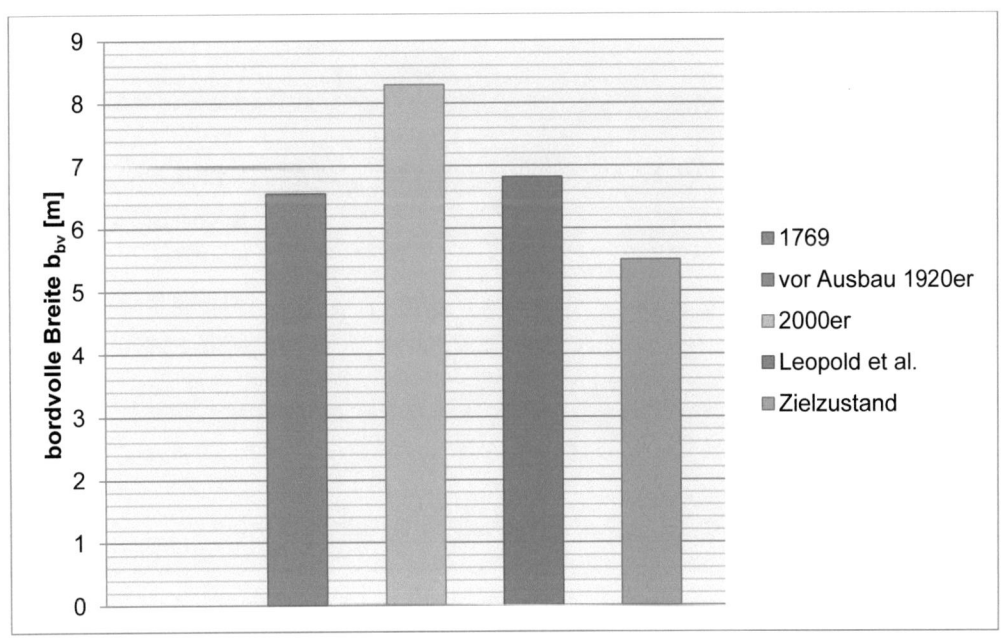

Abbildung 8.14 Historische und für den Zielzustand abgeleitete bordvolle Breite b_{bv}

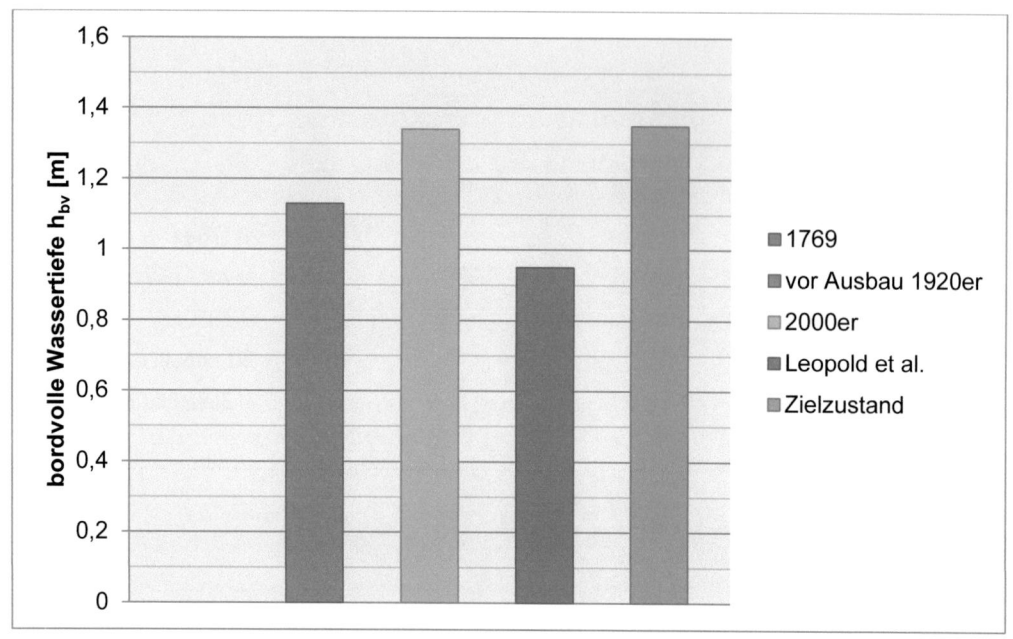

Abbildung 8.15 Historische und für den Zielzustand abgeleitete bordvolle Wassertiefe h_{bv}

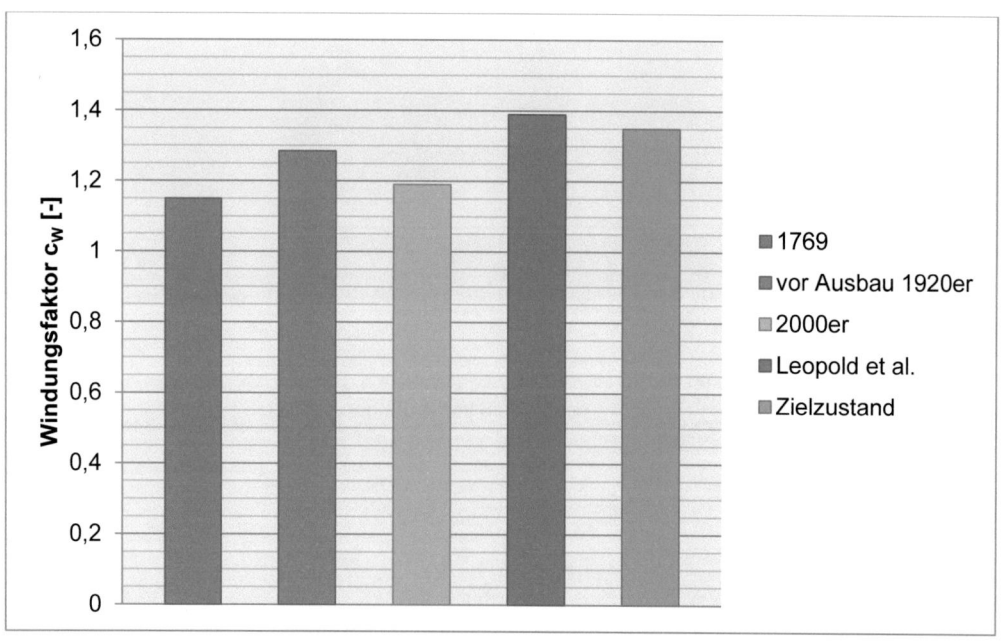

Abbildung 8.16 Historische und für den Zielzustand abgeleitete Windungsfaktoren c_W

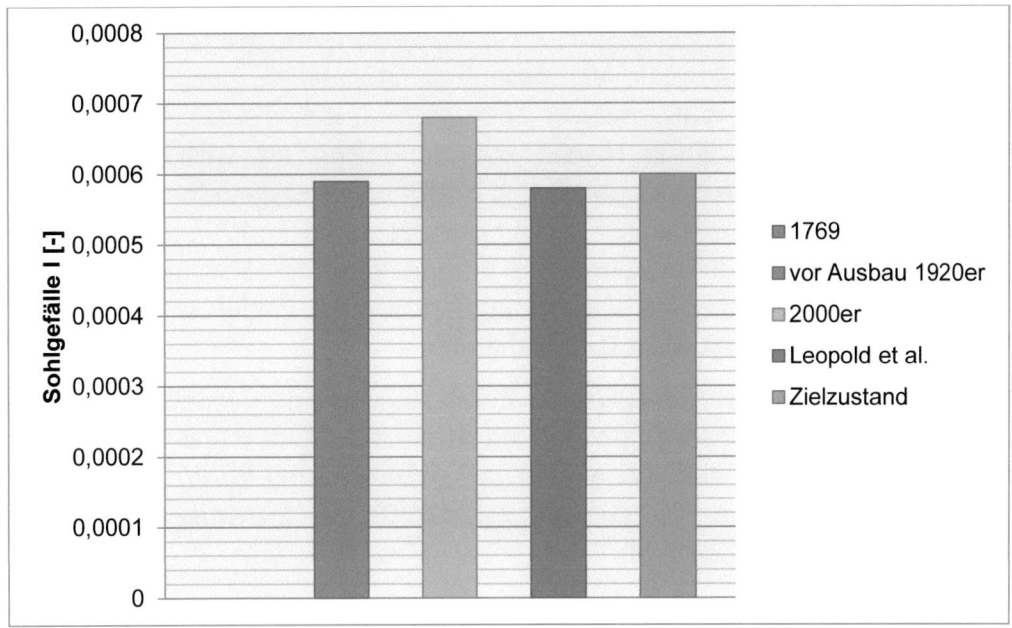

Abbildung 8.17 Historische und für den Zielzustand abgeleitete Sohlgefälle I

Als Rauheiten k_s werden in den vergleichenden hydraulischen Berechnungen für

- Phase 0: $k_s = 30$ mm   (sehr rauh: Feinkies; sandiger Kies)
- Phase 1.a: $k_s = 60$ mm   (sehr rauh: Feinkies bis mittlerer Kies)
- Phase 1.b: $k_s = 60$ mm   (sehr rauh: Feinkies bis mittlerer Kies)
- Phase 2: $k_s = 90$ mm   (sehr rauh: mittlerer bis Grobkies;
                                  leicht verkrautete Erdkanäle mit   mäßiger
                                  Geschiebeführung und Kolken)

angesetzt [vgl. (Bollrich 2007)].

8.3 Ergebniszusammenstellung der hydraulischen Vergleichsbetrachtungen

Grundsätzlich wird für sämtliche Verbesserungsmaßnahmen festgestellt, dass die sich daraus ergebenden Wasserstände zwar teilweise höher ausfallen als im heutigen Istzustand, diese jedoch im Hinblick auf das Freibord alle vollständig unter denen der Genehmigungsprofile liegen. Grund hierfür ist die eingetretene starke Eintiefung der Este ins Gelände, bedingt durch die vorgenommenen Ausbaumaßnahmen und Begradigungen der letzten Jahrzehnte beziehungsweise Jahrhunderte sowie die bis vor Kurzem durch Gewässerunterhaltung fortdauernde Entfernung jeglicher sich neu einstellenden Rauigkeit wie z.B. Sturzbäume.

Die mittleren Fließgeschwindigkeiten der Zielvorstellung sind gegenüber dem heutigen Zustand und dem genehmigten Zustand der 1920er Jahre deutlich reduziert. Für die Mittelwasserabflüsse sind Verringerungen zwischen rund 20 und rund 30 % zu verzeichnen. Die mittleren Fließgeschwindigkeiten für die Hochwasserabflüsse nehmen um rund 15 bis rund 25 % ab.

Die Wandschubspannungen werden durch die Maßnahmen für den Mittelwasserabfluss im Zielzustand um bis zu 7 % reduziert. Für den Hochwasserfall werden Erhöhungen der Wandschubspannungen um rund 8 % prognostiziert.

Die errechneten Schubspannungen des Zielzustands bewegen sich in einer Größenordnung zwischen rund 3 N/m^2 für die Mittelwasserabflüsse und rund 5,5 bis 8 N/m^2 für die Hochwasserabflüsse. Dies bedeutet, dass während des Mittelwasserabflusses Mittelsande mit einer Korngröße bis 0,63 mm in Bewegung sind. Während der Hochwasserabflüsse werden zusätzlich Grobsande mit einer Korngröße bis 2 mm in Bewegung gesetzt. Fein- bis Grobkiese zwischen 2 bis 63 mm und Steine > 63 mm bilden ein entsprechend stabiles Flussbett [vgl. (Bollrich 2007)]. Wie die Beobachtung vor Ort zeigt, lagert sich ein Großteil des so bewegten Sandes in der Gewässerstrecke zwischen den Einengungen ab und baut so neues Ufer auf.

9 Schlussfolgerungen und Ausblick

Der Gesetzgeber, die Fachbehörden und Fachleute sind sich einig – ein Großteil unserer Fließgewässersysteme bedarf der Verbesserung ihrer Gewässerstrukturgüte und der Wiederherstellung der linearen Durchgängigkeit, um einen guten ökologischen Zustand zu erreichen. Die Europäische Wasserrahmenrichtlinie stellt den dafür erforderlichen gesetzlichen Rahmen zum Schutz, zur nachhaltigen Entwicklung und zur Erhaltung unserer Fließgewässer.

Das gesteckte Ziel der bereits seit dem Jahr 2000 geltenden Wasserrahmenrichtlinie, die erforderlichen Maßnahmen für alle betroffenen Fließgewässer bis Dezember 2012 umzusetzen und die definierten Umweltziele bis Dezember 2015 zu erreichen, wird weitgehend verfehlt. Einen beispielhaften Stand der Umsetzung der Verbesserung der Gewässerstruktur liefern die Zahlen der Flussgebietsgemeinschaft Elbe: Im Oktober 2013 „war die Maßnahmenumsetzung an rund 10 % der Wasserkörper, an denen Maßnahmen zur Verbesserung der Gewässerstruktur vorgesehen sind, abgeschlossen, an etwa 15 % der Wasserkörper befanden sich Maßnahmen im Bau und an ca. 41 % der Wasserkörper in der Planung. An rund 34 % der Wasserkörper, an denen Maßnahmen zur Verbesserung der Gewässerstruktur vorgesehen sind, wurden die erforderlichen Schritte noch nicht begonnen." (FGG ELBE 2013).

Zu beachten ist, dass „vorgesehene Gewässer" nicht die Zielsetzung der WRRL „alle Gewässer" trifft. Der Handlungsbedarf ist also um ein Vielfaches größer. Das liegt insbesondere an der bisherigen Nichtbeachtung der Bäche und kleinen Flüsse, die ca. 80 % der Fließstrecken ausmachen.

Hinzu kommt, dass relativ wenige durchgeführte Maßnahmen das Umweltziel des „guten ökologischen Zustands" erreichen. Als mögliche Ursachen nennen Lüderitz und Langheinrich (2010) unter anderem die nicht an Leitbildern orientierte Planung und Umsetzung sowie zu kurze Fließgewässerabschnitte, an denen die Maßnahmen durchgeführt werden. Es zeigt sich, dass nicht ausschließlich ingenieurmäßiger Sachverstand, sondern auch eine möglichst vollumfängliche Sicht auf die räumlich-leitbildorientierten und ökologischen Belange eine wichtige Rolle spielt.

In der vorliegenden Projektarbeit wurde vor diesem Hintergrund die Recherche historischer Zustände mit umfangreichen Beobachtungen und Begehungen vor Ort mit der Methodik der Regimetheorie verknüpft. Im Vergleich bekannter Zustände zu den Ergebnissen unterschiedlicher regimetheoretischer Ansätze zeigt sich, dass die Regimetheorie ein gutes Instrument für den Nachweis ursprünglicher, stabiler Fließgewässerstrukturen ist. Die Erkenntnisse über eine möglichst naturnahe, stabile Gewässermorphologie ermöglichen eine Abschätzung des erforderlichen Flächenbedarfs für die eigendynamische Entwicklung und können zur Minimierung späterer Unterhaltungskosten beitragen.

Hydraulische Vergleichsberechnungen zwischen genehmigten Ausbauprofilen, dem heutigen Istzustand und dem Entwicklungsziel belegen, dass im überdimensionierten Genehmigungsprofil viel Platz ist, um Gutes in Sachen Strukturverbesserung und vielfältiger Gewässerdynamik umzusetzen. Im betrachteten Fall bedeuten die Einbauten moderate Wasserspiegelanhebungen, die sich jedoch deutlich innerhalb des Genehmigungsprofils bewegen.

Bereits umgesetzte Maßnahmen dokumentieren die positive Wirkung (Abbildung 9.1 bis Abbildung 9.4).

Abbildung 9.1 Strecke 1: Eingebrachte Kiesbank, frisch belaicht von Bachneunaugen, besiedelt von standorttypischen Wasserpflanzen (© Dr. L. Tent)

Abbildung 9.2 Eingebaute Seiteneinenungen (Kies) bei MQ (© Dr. L. Tent)

Schlussfolgerungen und Ausblick

Abbildung 9.3 Strecke 5: Unter der Mittelwasserlinie eingebaute Treibselsammler fördern die Sedimentation und tragen zur Sandzurückhaltung bei.

Abbildung 9.4 Strecke 5: Eingebaute Seiteneinengungen (Kies) und Kiesbänke

An diesen vielfach realisierten Beispielen könnten beispielsweise Angelvereine, die Nutzer des Gewässers sind, nach best-practice-Manier anknüpfen und den Lebensraum unter fachkundiger Anleitung nachhaltig aufwerten, um den natürlichen Aufwuchs der Fischbestände zu fördern. Das Verständnis für das Gewässersystem als Ganzes muss in vielen Fällen jedoch noch entwickelt werden. Für die Este wäre es wünschenswert, wenn dadurch zukünftig gut gemeinte laienhafte Maßnahmen, die keinen Nutzen für den Lebensraum des Fließgewässers mit sich bringen, durch zielgerichtetes Engagement ausbleiben. Nur das Anwenden qualifizierten hydraulischen und ökologischen Wissens wird sicherstellen, dass der früher strukturreiche, vielfältig besiedelte Lebensraum wiederbelebt werden kann.

10 Literaturverzeichnis[6]

Altmüller, Reinhard, und Rainer Dettmer. „Erfogreiche Artenschutzmaßnahmen für die Flussperlmuschel Margaritifera margaritifera L. durch Reduzierung von unnatürlichen Feinsedimentfrachten in Fließgewässern - Erfahrungen im Rahmen des Lutterprojekts -." In *Informationsdienst Naturschutz Niedersachsen, 4/2006: Beiträge zum Fließgewässerschutz III - Erfolgreicher Arten- und Biotopschutz in Heidebächen*, S. 192-203. Hannover: Niedersächsicher Landesbetrieb für Wasserwirtschaft, Küsten- und Naturschutz (Hrsg.), 2006.

Altmüller, Reinhard, und Rainer Dettmer. „Unnatürliche Sandfrachten in Geestbächen - Ursachen, Probleme und Ansätze für Lösungsmöglichkeiten - am Beispiel der Lutter." In *Informationsdienst Naturschutz Niedersachsen, 5/1996: Beiträge zum Fließgewässerschutz in Niedersachsen*, S. 222-237. Hannover: Niedersächsisches Landesamt für Ökologie (Hrsg.), 1996.

Bauhaus-Universität Weimar (Hrsg.) in fachlicher Kooperation mit der DWA Deutsche Vereinigung für Wasserwirtschaft, Abwasser und Abfall e.V. *Flussbau.* Herausgeber: Bauhaus-Universität Weimar. Weimar, 2009.

Baur, Werner H. *Renaturierung kleiner Fließgewässer mit ökologischen Methoden - Anleitung zum konkreten Handeln, 1. Auflage.* Stuttgart: LFV BW Verlag und Service GmbH, 2013.

Blench, T. *Regime behaviour of canals and rivers.* London: Butterworths Scientific Publications, 1957.

BMU. *Die Wasserrahmenrichtlinie - Auf dem Weg zu guten Gewässern.* Berlin: Bundesministerium für Umwelt, Naturschutz und Reaktorsicherheit (Hrsg.), 2010.

—. *Die Wasserrahmenrichtlinie - Ergebnisse der Bestandsaufnahme 2004 in Deutschland.* Berlin: Bundesministerium für Umwelt, Naturschutz und Reaktorsicherheit (Hrsg.), 2005.

Bollrich, Gerhard. *Technische Hydromechanik 1 - Grundlagen, 6., durchgesehene und korrigierte Auflage.* Berlin: Huss-Medien GmbH, 2007.

Bray, D.I. „Flow resistance in gravel-bed rivers." In *Gravel-bed rivers. Fluvial processes, engineering and management*, von R.D. Hey, J.C. Bathurst und C.R. Thorne, S. 109-137. Chichester, 1982.

Busskamp, R., S. Richter, und V. Mohaupt. „Umsetzung der Maßnahmenprogramme nach der Europäischen Wasserrahmenrichtlinie in Deutschland - nationale Festlegungen und ausgewählte Zwischenergebnisse aus den Flussgebieten sowie an den Bundeswasserstraßen." *Hydrologie und Wasserbewirtschaftung*, 2013: HW 57, H. 6: S. 289-292.

BWK e.V. (Hrsg.). *BWK-Regelwerk, Merkblatt BWK-M1 - Hydraulische Berechnung von naturnahen Fließgewässern - Teil 1: Stationäre Berechnung der Wasserspiegellinie unter besonderer Berücksichtigung von Bewuchs- und Bauwerkseinflüssen, 3. Auflage.* Sindelfingen: Bund der Ingenieure für Wasserwirtschaft, Abfallwirtschaft und Kulturbau (BWK) e.V., 2009.

Czickus, Sebastian. *Untersuchung der Morphodynamik der Dhünn im Bereich Hummelsheim anhand eines zweidimensionalen Fließgewässermodells.* Diplomarbeit, Wuppertal: Bergische Universität Wuppertal, 2011.

---

[6] Literaturverzeichnis und Quellenverweise im Text nach Chicago Fifteenth Edition.

Literaturverzeichnis

DGJ. *Deutsches Gewässerkundliches Jahrbuch. Elbegebiet, Teil III; Untere Elbe ab der Havelmündung.* Hamburg: Freie und Hansestadt Hamburg (Hrsg.); Hamburg Port Authority AöR (Hrsg.), 2007.

DWA. *Merkblatt DWA-M 611: Fluss und Landschaft - Ökologische Entwicklungskonzepte.* Hennef: Deutsche Vereinigung für Wasserwirtschaft, Abwasser und Abfall e.V. (Hrsg.), 2013.

EA. *Keeping Rivers Cool - Getting ready for climate change by creating riparian shade.* Bristol: Environment Agency, 2011.

Elsholz, Meinhard, und Hartwig Berger. *Hochwasserbemessungswerte für die Fließgewässer in Niedersachsen - Abflüsse in Hydrologischen Landschaften über Regionalisierungsansätze -.* Hildesheim: Niedersächsisches Landesamt für Ökologie (Hrsg.), 2003.

FGG ELBE. *Erläuterungsdokument "Verbesserung der linearen Durchgängigkeit". In Unterstützung des Anhörungsdokumentes zur Anhörung der wichtigen Wasserbewirtschaftungsfragen der FGG Elbe Art. 14 WRRL - hier: Hydromorphologie.* 2013.

—. *Erläuterungsdokument zur wichtigen Wasserbewirtschaftungsfrage "Verbesserung der Gewässerstruktur".* 2013.

geofluss. „Studie zur Sandbelastung der Fließgewässer in Niedersachsen." Abschlussbericht, geofluss Ingenieurbüro für Umweltmanagement und Gewässerschutz im Auftrag des NLWKN, Betriebsstelle Lüneburg, Hannover, 2011.

Grabowsky, Kerstin. *Die Heidenauer Aue - Gewässerstruktur und Einzugsgebiet eines Fließgewässers.* Hamburg: Edmund Siemers-Stiftung (Hrsg.), 2007.

Harnischmacher, Stefan. *Bochumer Geographische Arbeiten 70: Fluvialmorphologische Untersuchungen an kleinen, naturnahen Fließgewässern in Nordrhein-Westfalen - Eine empirische Studie.* Dissertation, Bochum: Ruhr-Universität Bochum, Geographisches Institut, 2002.

Heins, Evelyn. *Renaturierung der Este zwischen Emmen und Buxtehude.* Bachelor-Thesis, Hamburg-Harburg: Technische Universität Hamburg-Harburg, Arbeitsbereich Wasserbau, 2011.

Hey, R.D., und C.R. Thorne. „Stable channels with mobile gravel beds." *Journal of Hydraulic Engineering*, 1986: Vol. 112, S. 671-689.

Inglis, C.C. *Historical note on empirical equations developed by engineers in India for flow of water and sand in alluvial channels.* Proceedings IAHR, 1948.

Kellerhals, R. „Stable channels with gravel paved beds." *American Society of Civil Engineers, Journal of the Waterways and Harbours Division*, 1967: Vol. 93, No. WW1, S. 63-83.

Kern, Klaus. *Grundlagen naturnaher Gewässergestaltung - Geomorphologische Entwicklung von Fließgewässern, 1. Auflage 1994, überarbeiteter und korrigierter Nachdruck 1995.* Karlsruhe: Springer-Verlag Berlin Heidelberg New York, 1994.

Kreis Harburg. „Entwurf zur Regulierung der oberen Este." Lüneburg, 1926.

Kreis Harburg. „Plan für die Gründung einer Genossenschaft zur Unterhaltung der mittleren Este." Lüneburg, 1924.

Kreise Harburg und Stade. „Regulierung der Este von Hollenstedt bis Altkloster." Lüneburg, 1922.

Lacey, G. „Stable channels in alluvium." *Proceedings of the Institute of Civil Engineers, Vol. 29*, 1930: S. 259-292.

LANU SH. *Empfehlungen zum Bau von Sohlgleiten in Schleswig-Holstein*. Flintbek: Landesamt für Natur und Umwelt des Landes Schleswig-Holstein (Hrsg.), 2005.

Leopold, L.B., und M.G. Wolman. „River meanders." *Bulletin of the Geological Society of America*, 1960: Vol. 71, S. 769-794.

—. „River channel patterns: braided, meandering and straight." *Geological Survey Professional Paper; Washington, D.C*, 1957: 282-B, S. 39-85.

Leopold, L.B., und T. Maddock. „The hydraulic geometry of stream channels and some physiographic implications." *Geological Survey Professional Paper; Washington, D.C*, 1953: 252, 16 Seiten.

Leßmann, H. „Sandführung der Este." Gutachten, Suderburg, 1983.

LfU BW. *Hydraulik naturnaher Fließgewässer, Teil 2 - Neue Berechnungsverfahren für naturnahe Gewässerstrukturen, 1. Auflage*. Karlsruhe: Landesanstalt für Umweltschutz Baden-Württemberg (Hrsg.), 2002.

LfW RP. *Wirksame und kostengünstige Maßnahmen zur Gewässerentwicklung*. Mainz: Landesamt für Wasserwirtschaft Rheinland-Pfalz (Hrsg.), 2003.

Lüderitz, Volker, und Uta Langheinrich. „Hydromorphologische und biologische Bewertung von Verbesserungen der Gewässerstruktur." *Dresdner Wasserbaukolloquium 2010 - "Wasserbau und Umwelt - Anforderungen, Methoden, Lösungen"*. Dresden, 2010.

Madsen, Bent Lauge, und Ludwig Tent. *Lebendige Bäche und Flüsse - Praxistipps zur Gewässerunterhaltung und Revitalisierung von Tieflandgewässern*. Hamburg: Edmund Siemers-Stiftung (Hrsg.), 2000.

Marti, C., und G.R. Bezzola. „Sohlenmorphologie in Flussaufweitungen." *In: Turbulenzen in der Geomorphologie. Versuchsanstalt für Wasserbau, Hydrologie und Glaziologie der ETH Zürich. Zürich. 2004. Jahrestagung der Schweizerischen Geomorphologischen Gesellschaft (SGmG) der SANW in Erstfeld 2003, Mitteilungen 184*, 2004.

MUNLV NRW. *Blaue Richtlinie - Richtlinie für die Entwicklung naturnaher Fließgewässer in Nordrhein-Westfalen, Ausbau und Unterhaltung*. Düsseldorf: Ministerium für Umwelt und Naturschutz, Landwirtschaft und Verbraucherschutz des Landes Nordrhein-Westfalen (Hrsg.), 2010.

—. *Handbuch Querbauwerke*. Düsseldorf: Ministerium für Umwelt und Naturschutz, Landwirtschaft und Verbraucherschutz des Landes Nordrhein-Westfalen (Hrsg.), 2005.

Niedersächsisches Wassergesetz vom 19. Februar 2010, letzte berücksichtigte Änderung: § 96 geändert durch § 87 Abs. 3 des Gesetzes vom 03.04.2012 (Nds. GVBl. S. 46). Niedersächsisches Justizministerium, 2010 (2012).

Nixon, M. „A study of bankfull discharges of the rivers in England and Wales." *Proceedings of the Institution of Civil Engineers*, 1959: Vol. 12, S. 157-174.

NLWKN. *Informationsdienst Naturschutz Niedersachsen, 2/2009: Naturschutzgebiete und Landschaftsschutzgebiete in Niedersachsen (Stand 31.12.2008) - Karten für die Bereiche der einzelnen Naturschutzbehörden*. Hannover: Niedersächsischer Landesbetrieb für Wasserwirtschaft, Küsten- und Naturschutz, 2009.

—. *Informationsdienst Naturschutz Niedersachsen, 5/2008: Natura 2000-Gebiete in Niedersachsen (FFH-Gebiete, EU-Vogelschutzgebiete) - Karten für die Bereiche der einzelnen Naturschutzbehörden*. Hannover: Niedersächsischer Landesbetrieb für Wasserwirtschaft, Küsten- und Naturschutz, 2008.

—. *Wasserrahmenrichtlinie - Band 2, Leitfaden Maßnahmenplanung Oberflächengewässer - Teil A: Fließgewässer-Hydromorphologie*. Hannover:

Niedersächsischer Landesbetrieb für Wasserwirtschaft, Küsten- und Naturschutz (NLWKN), 2008.

Pasche, Erik. *Skript für die Vorlesung "Hydraulik"*. Hamburg-Harburg: Technische Universität Hamburg-Harburg, Institut für Wasserbau, 2009.

—. *Skript für die Vorlesung "Naturnaher Wasserbau"*. Hamburg-Harburg: Technische Universität Hamburg-Harburg, Institut für Wasserbau, 2008.

—. *Skript für die Vorlesung "Wasserbau"*. Hamburg-Harburg: Technische Universität Hamburg-Harburg, Institut für Wasserbau, 2007.

Pasche, Erik, und Arzu Kilic. „Morphodynamische Grundlagen der Dhünn zur Abschätzung einer natürlichen Gewässerentwicklung." *"Wupperverband für Wasser, Mensch und Umwelt - Statements vom 8. Symposium Flussgebietsmanagement 2005"*. 11./12. Mai 2005. http://www.wupperverband.de/internet/mediendb.nsf/gfx/MED_HVAL-8LECMF_312271/$file/07_pasche.pdf (Zugriff am 14. November 2013).

Patt, Heinz, Peter Jürging, und Werner Kraus. *Naturnaher Wasserbau - Entwicklung und Gestaltung von Fließgewässern, 3. Auflage*. Berlin, Heidelberg: Springer-Verlag, 2009.

Planungsgruppe Ökologie + Umwelt Nord. *Pflege- und Entwicklungsplan für den Naturraum Este*. Hamburg, 1999.

Rasper, Manfred. *Morphologische Fließgewässertypen in Niedersachsen - Leitbilder und Referenzgewässer*. Hildesheim: Niedersächsisches Landesamt für Ökologie (Hrsg.), 2001.

Richtlinie 2000/60/EG des Europäischen Parlaments und des Rates vom 23. Oktober 2000 zur Schaffung eines Ordnungsrahmens für Maßnahmen der Gemeinschaft im Bereich der Wasserpolitik („Europäische Wasserrahmenrichtlinie" – EG-WRRL). Amtsblatt der Europäischen Gemeinschaften, 22.12.2000.

Richtlinie 2006/44/EG des Europäischen Parlaments und des Rates vom 6. September 2006 über die Qualität von Süßwasser, das schutz- oder verbesserungsbedürftig ist, um das Leben von Fischen zu erhalten („Europäische Fischgewässerrichtlinie" – FischGRL). Amtsblatt der Europäischen Union, 25.09.2006.

Richtlinie 2009/147/EG des Europäischen Parlaments und des Rates vom 30. November 2009 über die Erhaltung der wildlebenden Vogelarten (kodifizierte Fassung). Amtsblatt der Europäischen Union, 26.01.2010.

Richtlinie 92/43/EWG des Rates vom 21. Mai 1992 zur Erhaltung der natürlichen Lebensräume sowie der wildlebenden Tiere und Pflanzen. Amtsblatt der Euopäischen Gemeinschaften, 22.07.1992.

Scherle, Jürgen. *Entwicklung naturnaher Gewässerstrukturen - Grundlagen, Leitbilder, Planung*. Dissertation, Karlsruhe: Universität Fridericiana zu Karlsruhe (TH), Fakultät Bauingenieur- und Vermessungswesen, 1998.

Schreckenbach, Kurt. „Anpassung von Fischen an Temperaturänderungen." *Aquakultur- und Fischereiinformationen, Rundbrief der Fischereibehörden, des Fischgesundheitsdienstes und der Fischereiforschungsstelle des Landes Baden-Württemberg*, 2001: H. 2, S. 9-11.

Schumm, S.A. „The shape of alluvial channels in relation to sediment type. Erosion and sedimentation in a semiarid environment." *Geological Survey Professional Paper; Washington, D.C*, 1960: 352-B, S. 17-30.

Shields, F.D. JR. „Hydraulic and hydrologic stability." In *River channel restoration. Guiding principles for sustainable projects.*, von F.D. JR. Shields und A. Brookes, S. 23-74. Chichester u.a., 1996.

Stadt-Land-Fluss Ingenieurdienste GmbH. „Hydraulische Untersuchung des Oberlaufes der Este bis zur Wehranlage in Buxtehude." Schlussdokumentation, Hannover, 2005.

Stamm, Jürgen, Dirk Carstensen, Torsten Heyer, und T. Kopp. *Skript für die Vorlesung "Flussbau"*. Dresden: Technische Universität Dresden - Fakultät Bauingenieurwesen - Institut für Wasserbau und Technische Hydromechanik, Professur für Wasserbau, 2009.

Stamm, Jürgen, und Sophie Stoebenau. *Skript für die Vorlesung "Gewässerentwicklung"*. Dresden: Technische Universität Dresden - Fakultät Bauingenieurwesen - Institut für Wasserbau und Technische Hydromechanik, Professur für Wasserbau, 2012.

Tent, Björn. *Maßnahmen zur Verbesserung der Gewässerstrukturgüte der Este zwischen Langeloh und Emmen*. Projektarbeit im berufsbegleitenden Fernstudium an der TU Dresden, Vertiefung Wasserbau und Umwelt, Dresden und Hamburg: unveröffentlicht, 2014.

Tent, Ludwig. *Bessere Bäche – Praxistipps – Bereits geringer Aufwand bringt große Erfolge für den Lebensraum*. Hamburg: Edmund Siemers-Stiftung & Hanseatische Natur- und Umweltinitiative Hamburg (Hrsg.), 2002.

Tent, Ludwig. „Maßnahmen zur Verbesserung der Sohlstrukturen und zur Verringerung unnatürlicher Sandfrachten in der Este." In *NNA (Hrsg.): Fließgewässerschutz und Auenentwicklung im Zeichen der Wasserrahmenrichtlinie - Kommunikation, Planung, fachliche Konzepte*, NNA-Berichte 18/1: S. 143-152. 2005.

UBA. *Grundlagen für die Auswahl der kosteneffizientesten Maßnahmenkombinationen zur Aufnahme in das Maßnahmenprogramm nach Artikel 11 der Wasserrahmenrichtlinie - Handbuch*. Umweltbundesamt (Hrsg.), 2004.

Wasserhaushaltsgesetz vom 31. Juli 2009 (BGBl. I S. 2585), das durch Artikel 4 Absatz 76 des Gesetzes vom 7. August 2013 (BGBl. I S. 3154) geändert worden ist. Bundesjustizministerium, 2009 (2013).

Yalin, M.S., und A.M.F. da Silva. *Fluvial Processes*. Delft: International Association of Hydraulic Engineering and Research, 2001.

Zeller, J. „Flussmorphologische Studie über das Mäanderproblem." *Geographica Helvetica*, 1967: Band XXII, S. 57-95.